反求工程

主　编　张济明　王　晖　李伟昌
副主编　华群青　祝家权　陈良鹏　曾庆毅

重庆大学出版社

内容提要

本书从数据坐标对齐、案例主体建模、案例细节特征建模等方面,介绍了针对各类物件的逆向建模方法。并依据"项目化""任务驱动"理念对内容进行合理编排,将理论与实操任务相结合,着重培养学生的职业综合技能。本书的基本定位是中职、高职机械类以及机电类专业的3D打印技术应用教材,也可作为广大3D打印爱好者、3D打印从业者自学用书或参考工具书。

图书在版编目(CIP)数据

反求工程 / 张济明,王晖,李伟昌主编. -- 重庆:
重庆大学出版社,2021.9
(增材制造技术丛书)
ISBN 978-7-5689-1769-8

Ⅰ.①反… Ⅱ.①张… ②王… ③李… Ⅲ.①机械设
计—计算机辅助设计 Ⅳ.①TH122

中国版本图书馆 CIP 数据核字(2019)第 176707 号

反求工程
FANQIU GONGCHENG
主　编　张济明　王　晖　李伟昌
副主编　华群青　祝家权
陈良鹏　曾庆毅
策划编辑:周　立
责任编辑:周　立　版式设计:周　立
责任校对:王　倩　责任印制:张　策
*
重庆大学出版社出版发行
出版人:饶帮华
社址:重庆市沙坪坝区大学城西路 21 号
邮编:401331
电话:(023)88617190　88617185(中小学)
传真:(023)88617186　88617166
网址:http://www.cqup.com.cn
邮箱:fxk@cqup.com.cn(营销中心)
全国新华书店经销
重庆巍承印务有限公司印刷
*
开本:787mm×1092mm　1/16　印张:14.75　字数:371千
2021 年 9 月第 1 版　2021年9月第 1 次印刷
印数:1—2 000
ISBN 978-7-5689-1769-8　定价:49.00 元

编审委员会

序　言

自 2015 年以来，国务院以及相关部委相继印发了《中国制造 2025》《"十三五"国家战略性新兴产业发展规划》《"十三五"先进制造技术领域科技创新专项规划》等文件，对以 3D 打印、工业机器人为代表的先进制造技术进行了全面部署和推进实施，着力探索培育新模式，着力营造良好发展环境，为培育经济增长新动能、打造我国制造业竞争新优势、建设制造强国奠定扎实的基础。

佛山市南海区盐步职业技术学校紧跟国家产业导向、顺应产业发展需要，以培养符合时代要求的高素质技能人才为己任，联合佛山市南海区广工大数控装备协同创新研究院，携同广东银纳增材制造技术有限公司，专门成立编委会，以企业实际案例为载体，组织编著了涵盖 3D 打印技术前端、中端、后端全流程以及工业机器人等先进制造技术的系列教材。该系列教材由焦玉君同志任编委会主任，华群青、熊薇两位同志任编委会副主任，编委由来自高校、职业院校以及企业界的专家学者和业务骨干 47 位成员组成。

本书为系列丛书之一，较详细地从数据坐标对齐、案例主体建模、案例细节特征建模等方面，介绍了针对各类物件的逆向建模方法。并依据"项目化""任务驱动"理念对内容进行合理编排，将理论与实操任务相结合，着重培养学生的职业综合技能，书中内容清晰明了、图文并茂、简单易学。本书的基本定位是中职、高职机械类以及机电类专业的 3D 打印技术应用教材，也可作为广大 3D 打印爱好者、3D 打印从业者自学用书或参考工具书。

本书由佛山市南海区盐步职业技术学校的张济明、佛山职业技术学院王晖、佛山市南海区广工大数控装备协同创新研究院李伟昌担任主编。佛山市南海区盐步职业技术学校的张济明、华群青、祝家权负责本书项目一、项目二的撰写，佛山职业技术学院的王晖负责项目三的撰写，佛山市南海区广工大数控装备协同创新研究院李伟昌、陈良鹏、曾庆毅负责项目四、五的撰写。在编写过程中，广东银纳增材制造技术有限公司、佛山市中峪智能增材制造加速器有限公司、北京天远三维科技股份有限公司、3D Systems 等提供大量帮助，在此一并表示感谢！

编　者
2021 年 1 月

目　录

项目 **1**

逆向工程技术

项目引入

逆向工程(又称逆向技术),是一种产品设计技术再现过程,即对一项目标产品进行逆向分析及研究,从而演绎并得出该产品的处理流程、组织结构、功能特性及技术规格等设计要素,完成原有的产品,并在此基础上进行创新。作为先进的制造技术的重要组成部分,逆向设计已从简单的模型复制技术发展成为产品创新和新产品开发的重要组成技术手段。

项目目标

通过本项目学习,掌握逆向工程技术的概念和工作流程,理解逆向工程技术的关键技术及实施的条件。

知识目标

- 了解逆向工程的概念。
- 了解逆向工程的流程。
- 了解 Geomagic Design X 软件操作界面。

能力目标

- 掌握逆向工程定义。
- 掌握逆向工程的流程。
- 掌握 Geomagic Design X 软件的使用。

任务 1.1 逆向工程的认识

逆向工程(Reverse Engineering,RE)是将实物原型转化为数字三维模型,在原有实物的数字化模型基础上进行改进或创新,从而实现新产品开发的过程。针对不同的研究对象,逆向工程技术被人们分为实物逆向工程、软件逆向工程和影像逆向工程三种类型。

在现代科学技术发展迅速以及当今信息化时代背景下,逆向工程技术的应用对现代设计

1

创作领域的数字化发展进程起到了很大的推动作用,有效地控制了企业在研发新产品时的成本投入,提高了企业在新产品开发领域的经济效益。逆向工程设计原理如图 1.1 所示。

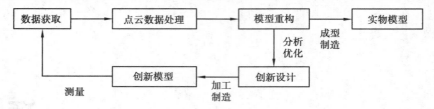

图 1.1 逆向工程

任务 1.2 逆向工程工作流程

逆向工程主要包括三维逆向建模及产品加工制造两个环节,其中逆向建模最为关键。逆向建模主要包括三个步骤:点云数据采集→点云数据处理→模型重构。点云数据采集是指采用三维扫描设备获取被测物表面的点云数据,三维数据采集是逆向工程中进行数据采集的基础环节。

1.2.1 三维扫描

目前获取点云数据的方法主要有两种,分别为接触式仪器测量(如三坐标测量仪)和非接触式仪器测量(如结构光三维扫描仪),如图 1.2 所示。教学主要使用结构光扫描仪设备,数据采集流程如图 1.3 所示。模型重构是根据处理后的点云数据构建 NURBS 曲面模型。

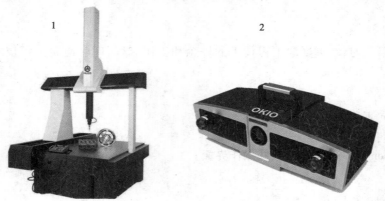

图 1.2 数据采集设备
1.三坐标测量仪;2.结构光三维扫描仪

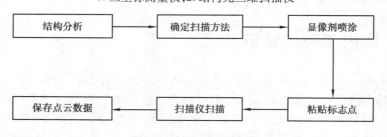

图 1.3 结构光数据采集

1.2.2 点云数据处理

点云数据处理是指在测量曲面点云的过程中，一些外部因素(如设备存在的缺陷、测量方法有偏差或零件个别位置表面质量不高等)会对点云数据造成误差，尤其是曲面交界处和曲率变化较大的位置。为获得更高精度点云数据，我们需要对点云数据进行点云数据处理。处理过程主要有对齐、减少噪音、点云封装等，如图1.4—图1.7所示。

①扫描点云数据的拼接对齐(图1.4)。

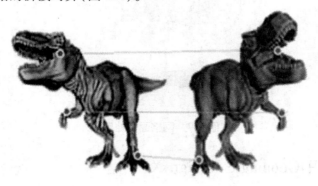

图 1.4 数据对齐

②点云数据的处理(图1.5)。

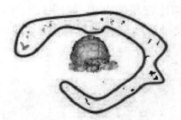

图 1.5 点云处理

③点云封装转换为网格面片(图1.6)。

图 1.6 点云封装

④网格面片的处理(图1.7)。

图1.7　网格面片处理

任务1.3　认识 Geomagic Design X

1.3.1　用户界面

Geomagic Design X 用户界面比较简洁直观,如图1.8所示。主要有菜单栏、工具面板、工具栏、特征树、模型树、状态栏、模型显示框和坐标等。还可以手动添加过滤器等选项卡。

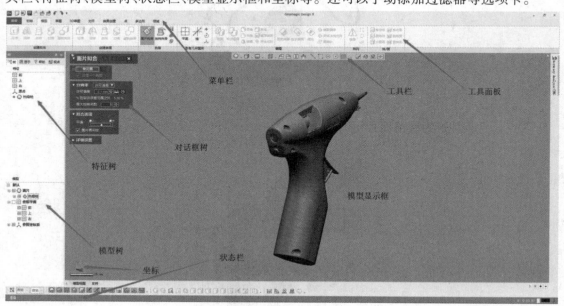

图1.8　Geomagic Design X 用户界面

①菜单栏:包括模型、草图、3D 草图、对齐、曲面创建、点、多边形、领域等模块。
②工具面板:细分菜单栏的各个模块。
③对话框:显示执行该命令的具体事项。

④工具栏:视图的选择以及选择的一些模式。

⑤特征树:记录作图的顺序和方法。

⑥模型树:对模型特征的划分和管理。

1.3.2　模块介绍

①初始:对模型进行格式的转换。

②模型:对线进行拉伸、回转、放样、扫描等操作;对点、线、面和实体进行偏移、阵列、镜像等操作;对面和体进行剪切、加厚、合并等操作。

③草图:对二维空间中线的创建与编辑。

④3D 草图:对三维空间中线的创建与编辑。

⑤对齐:主要改变工件的坐标系。

⑥曲面创建:用于曲面的自动创建。

⑦点:对点云数据(asc 文件)的删减、平滑等处理。

⑧多边形:对三角面片进行删减、光滑等处理。

⑨领域:对面片进行区域的划分。

1.3.3　工作流程

将点云数据导入 Geomagic Design X 软件,使用 Geomagic Design X 软件,处理点云数据,根据处理后的点云数据构建模型,其工作流程如图 1.9 所示。

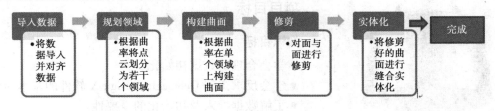

图 1.9　Geomagic Design X 工作流程

项目小结

逆向工程是将实物样件或手工模型转化为数据模型,包含数据扫描、数据处理和模型重构等几个阶段。逆向工程技术重大意义在于:逆向工程不是简单地把原有物件还原,而是在原有领域上进行创新。

课后思考

1.何为逆向工程?与传统的正向设计相比有什么区别与联系?

2.简述逆向工程的主要技术工作流程和用意。

3.Geomagic Design X 软件相对其他逆向软件优势在哪里?

项目 2

花洒头的反求工程

项目引入

花洒头又称莲蓬头(图2.1),原是一种浇花、盆栽及其他植物的装置。后来有人将它改装成为淋浴装置,成为浴室常见的用品。

图2.1 花洒头

项目目标

知识目标
- 学会合理的数据初始化。
- 学会反求工程 Geomagic Design X 软件的基本命令。
- 了解数据导入及初始化的重要性。

能力目标
- 初步掌握逆向工程的流程。
- 掌握反求工程的软件初始化。
- 了解 Geomagic Design X 软件的使用。

素质目标
- 具有严谨求实精神。
- 具有个人实践创新能力。
- 具备6S职业素养。

任务2.1 数据初始化

①在快速访问工具栏中,单击"导入" 按钮,选择"花洒",单击"仅导入"按钮,导入三角面片,如图2.2所示。

花洒案例建模坐标对齐

6

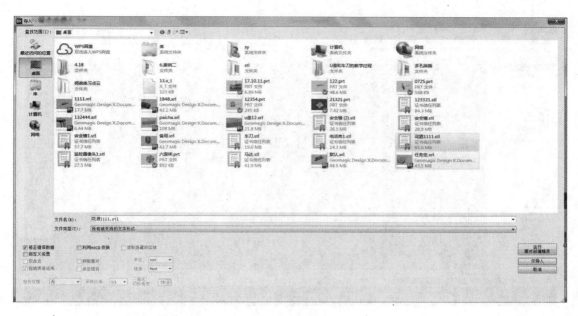

图2.2　数据导入

②点云导入后的界面,如图2.3所示。

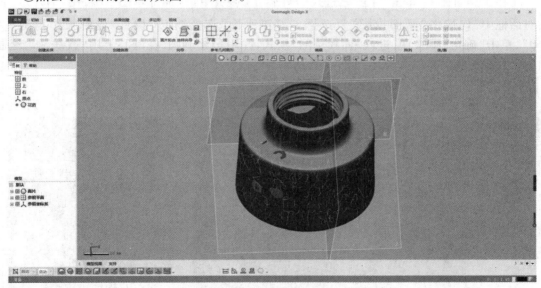

图2.3　导入后的界面

③用画笔选择模式选择平面上一部分,然后点击"插入",之后用"面片拟合" ◇ 命令,拟出一个平面,再点击平面命令点出"平面" 田 用提取的命令提取出"平面1",如图2.4所示。

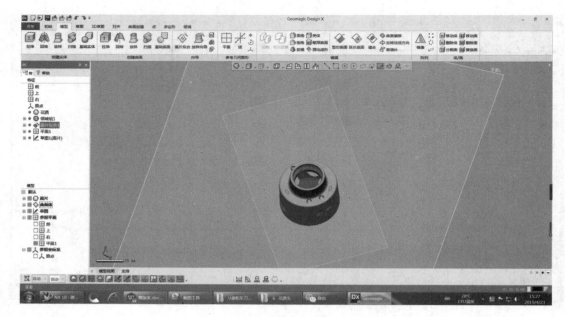

图 2.4 提取

④在工具面板中,单击"草图",进入"草图"工具栏,单击"面片草图"▶,在"面片草图"的对话框中,勾选中"平面投影"复选框,"基准平面"选择"前",设置"轮廓投影范围"为"60",单击"确定"✓按钮,进入"面片草图"模式,并用⊙绘制圆,在圆心上用"直线"╲,绘制出两个互相垂直的直线并拉伸,如图 2.5 所示。

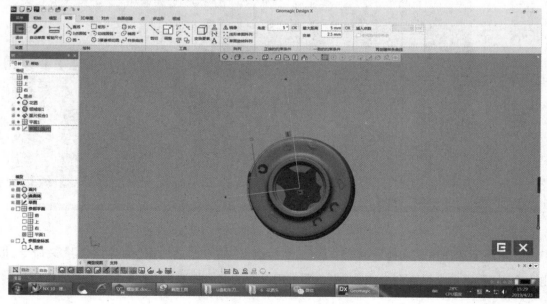

图 2.5 拉伸

⑤在工具面板中,单击"对齐",进入"对齐"的工具栏中,单击"手动对齐"按钮,在"手动对齐"的对话框中,"移动实体"选择"花洒零件",勾选中"用世界坐标系原点预先对齐",在"手动对齐"的对话框中单击"下一阶段"➡,在"移动"中勾选中"3 - 2 - 1"复选框,选择"平

面 3"作为"平面"、选择"平面 1"作为"线"、选择"平面 2"作为"位置",单击"确定" ✔ ,对齐坐标系,如图 2.6 所示。

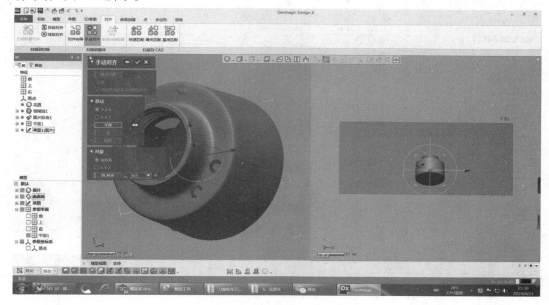

图 2.6　对齐坐标系

追加平面:通过定义、提取、投影、选择多个点、选择点和法线轴、选择点和圆锥轴、变换、N 等分、偏移、回转、平均、视图方向、相切、正交、绘制直线、镜像、极端位置等方式去创建平面。常用的有:

提取:选择一个领域创建出一个平面(选择的领域必须为平面领域)。

偏移:选择一个平面,给定一个数值和方向偏移出一个平面。

平均:选择两个平面或领域(平面领域)创建出一个中间面。

镜像:选择一个平面和一个领域(对称领域),则将在这个平面附近生成一个关于该领域对称的面。

视图方向:创建当前视图平面。

绘制直线:绘制一条直线,自动生成一个垂直于当前平面的线。

任务 2.2　构建模型主体

①在工具面板中,单击"草图",进入"草图"工具栏,单击"面片草图" ✔ ,在"面片草图"的对话框中,勾选中"平面投影"复选框,"基准平面"选择"前",设置"轮廓投影范围"为"60",单击"确定" ✔ 按钮,进入"面片草图"模式,结果如图 2.7 所示,并用 ⊙ 绘制圆。单击"退出" 按钮,退出"面片草图"模式,之后进行拉伸,如图 2.8 所示。

花洒案例建模主体部分

9

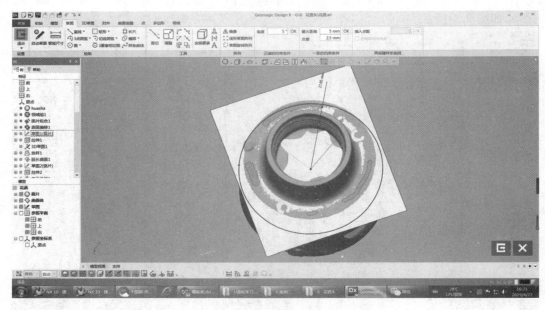

图2.7　草图

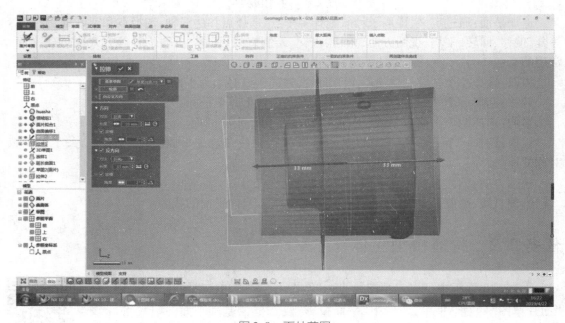

图2.8　面片草图

②点击"3D 草图"命令✕。用"样条曲线"命令 ∿ 绘制样条曲线。再用"放样"命令 ⬘ 放样,如图2.9所示。之后用"延长曲面"命令 ◈ 延长曲面,如图2.10所示。

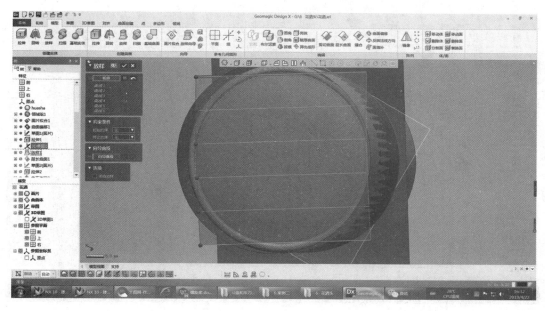

图2.9 放样命令

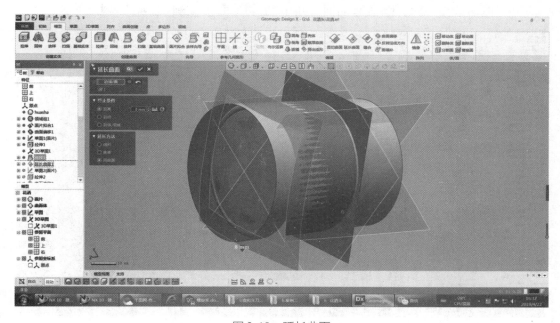

图2.10 延长曲面

③在工具面板中单击"草图",进入"草图"工具栏,单击"面片草图" ✍,在"面片草图"的对话框中,勾选中"平面投影"复选框,"基准平面"选择"前",设置"轮廓投影范围"为"60",单击"确定" ✓ 按钮,进入"面片草图"模式,利用"直线" ✎ 命令绘制直线。单击"退出" ⬚ 按钮,退出"面片草图"模式,之后进行拉伸,如图2.11所示。

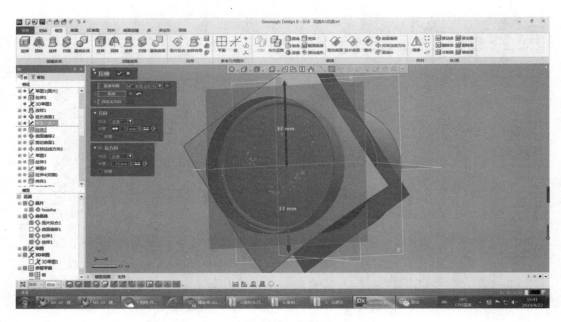

图 2.11　拉伸

④用"曲面偏移"命令 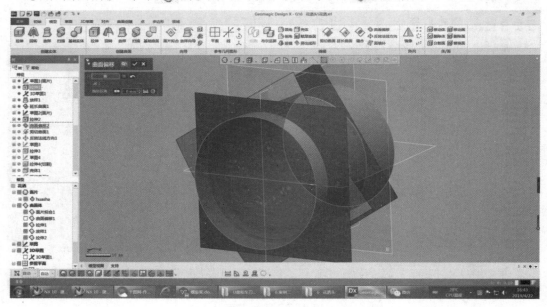 偏移曲面。并用"剪切平面" ❖ 剪切,如图 2.12 所示。

图 2.12　剪切

⑤在工具面板中,单击"草图",进入"草图"工具栏,单击"面片草图" ✍,在"面片草图"的对话框中,勾选中"平面投影✔"复选框,"基准平面"选择"前",设置"轮廓投影范围"为"60",单击"确定"按钮,进入"面片草图"模式。并用"圆" ⊙ 命令绘制圆,如图 2.13 所示。单击"退出" ▣ 按钮,退出"面片草图"模式,之后进行拉伸,如图 2.14 所示。

图 2.13　面片草图

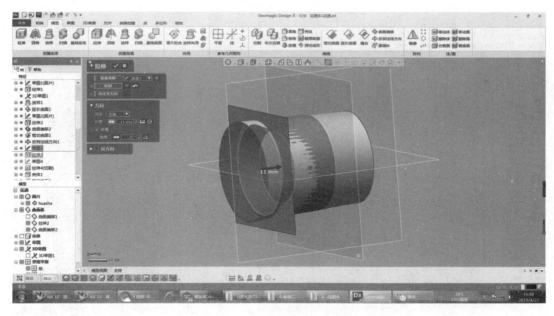

图 2.14　拉伸

⑥在工具面板中,单击"草图",进入"草图"工具栏,单击"面片草图" ,在"面片草图"的对话框中,勾选中"平面投影"复选框,"基准平面"选择"前",设置"轮廓投影范围"为"60",单击"确定" 按钮,进入"面片草图"模式,并用"圆" 命令绘制圆,如图 2.15 所示。单击"退出" 按钮,退出"面片草图"模式,之后进行拉伸,如图 2.16 所示,布尔运算选切割。之后再用"壳体" 命令抽壳,如图 2.17 所示。

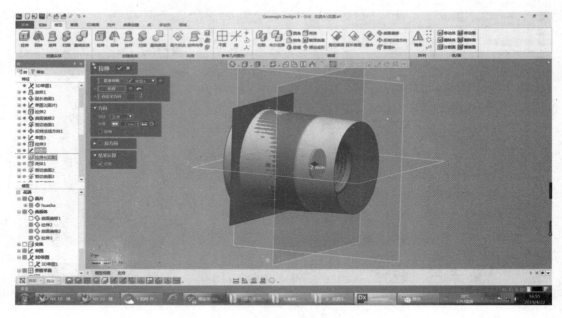

图 2.15　拉伸

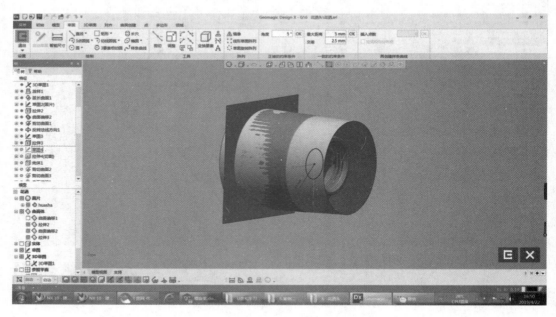

图 2.16　切割

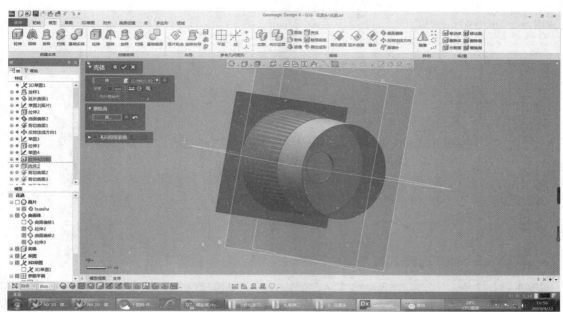

图 2.17　抽壳

任务 2.3　构建模型细节

花洒案例建
模细节部分

①用"剪切曲面"命令 剪切,如图 2.18、图 2.19 所示。

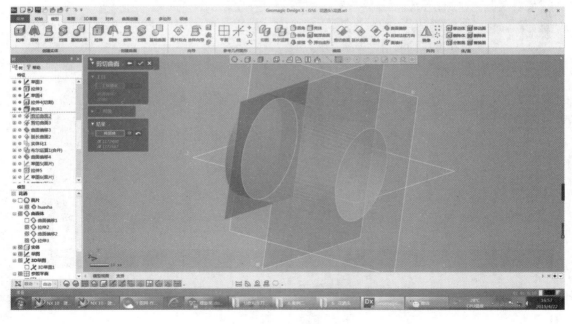

图 2.18　剪切曲面

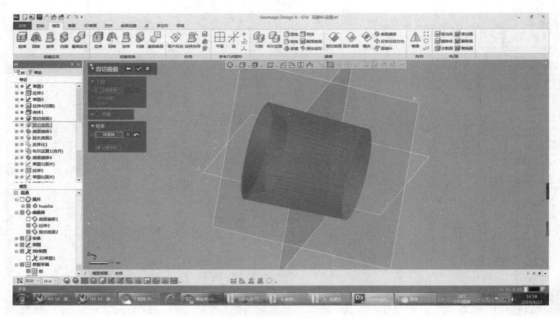

图 2.19　剪切曲面

　　②用"曲面偏移"命令 ◈ 偏移曲面,如图 2.20 所示。之后用"延长曲面"命令 ◈ 延长曲面,如图 2.21 所示。之后进行实体化,并且用布尔运算合并。

　　③用"曲面偏移"命令 ◈ 偏移曲面,如图 2.22 所示。

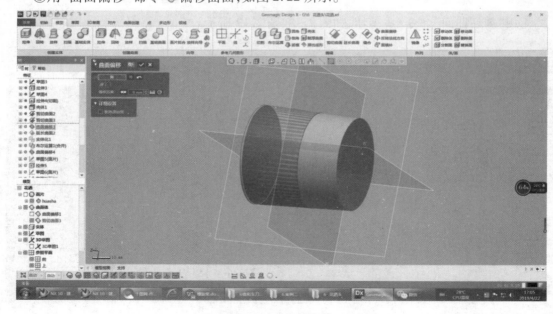

图 2.20　曲面偏移

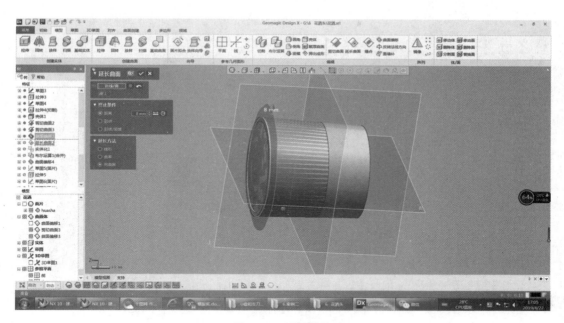

图 2.21 延长曲面

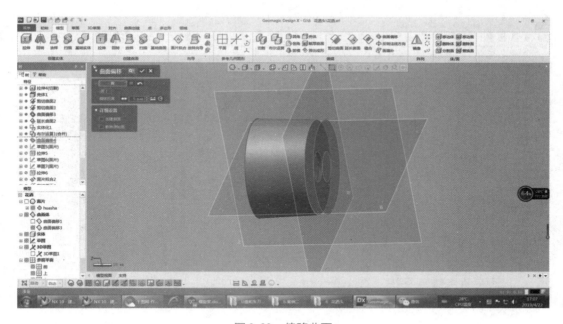

图 2.22 偏移曲面

④在工具面板中,单击"草图",进入"草图"工具栏,单击"面片草图" ,在"面片草图"的对话框中,勾选中"平面投影"复选框,"基准平面"选择"前",设置"轮廓投影范围"为"60",单击"确定" 按钮,进入"面片草图"模式,并用"圆" ⊙ 命令绘制圆,如图 2.23 所示。单击"退出" 按钮,退出"面片草图"模式,之后进行拉伸,如图 2.24 所示。

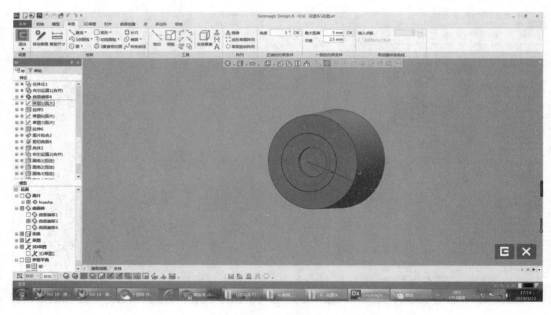

图 2.23　绘制圆

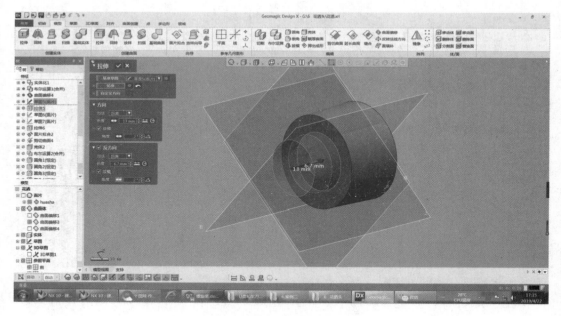

图 2.24　拉伸

⑤在工具面板中,单击"草图",进入"草图"工具栏,单击"面片草图" ![icon]，在"面片草图"的对话框中,勾选中"平面投影"复选框,"基准平面"选择"前",设置"轮廓投影范围"为"60",单击 ![icon] "确定" ![icon] 按钮,进入"面片草图"模式,并用"直线"命令绘制直线,如图 2.25 所示。单击"退出"按钮,退出"面片草图"模式,之后进行拉伸,如图 2.26 所示。

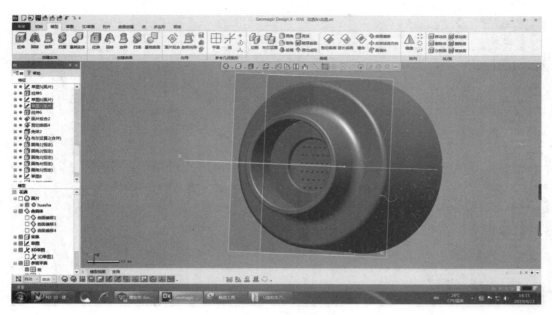

图 2.25　绘制直线

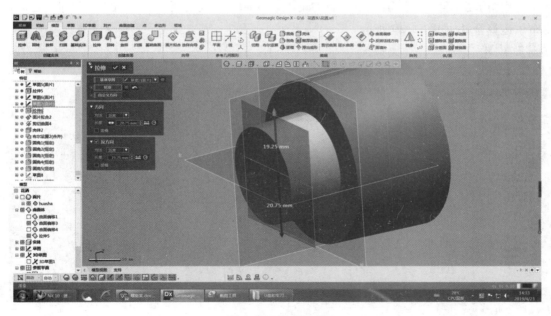

图 2.26　进行拉伸

⑥用画笔选择工具分割出一个领域,之后用"面片拟合" 工具拟合出一个平面,如图
2.27 所示。

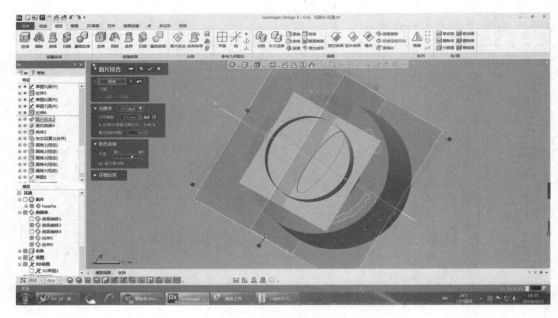

图 2.27　面片拟合

⑦用"剪切平面"命令剪切平面，如图 2.28 所示。之后用"壳体"命令 📦 抽壳，之后再用布尔运算合并，如图 2.29 所示。

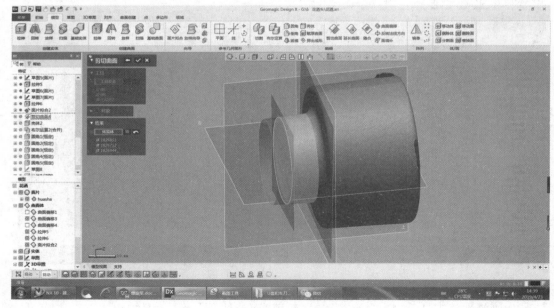

图 2.28　剪切平面

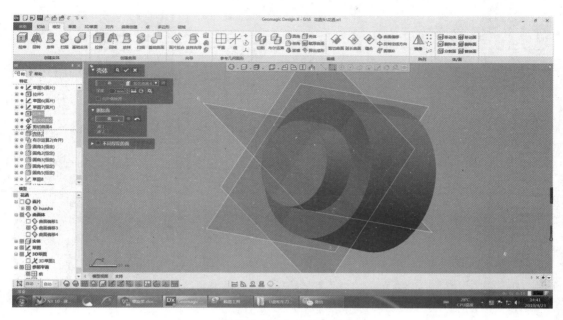

图 2.29　布尔运算合并

⑧用"圆角"命令 进行倒圆。如图 2.30—图 2.34 所示。

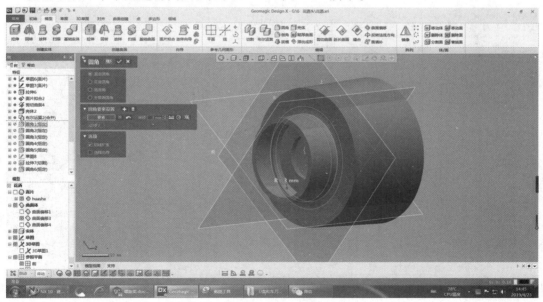

图 2.30　圆角命令

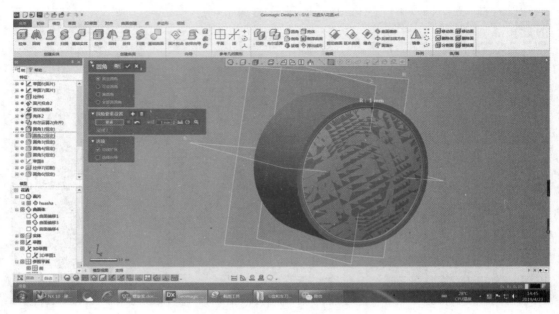

图 2.31　圆角命令

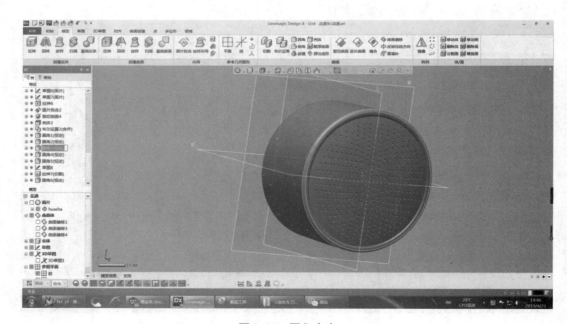

图 2.32　圆角命令

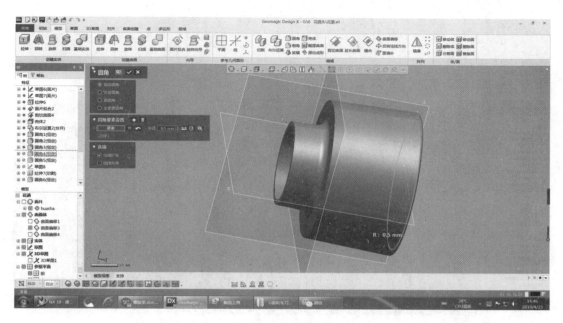

图 2.33　圆角命令

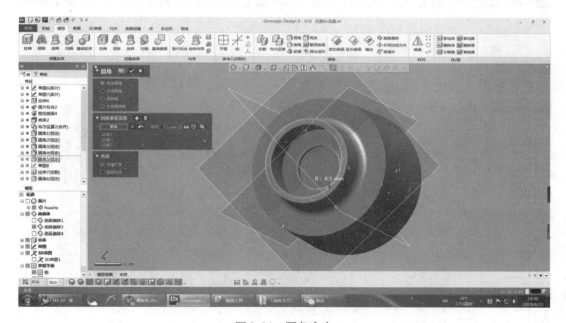

图 2.34　圆角命令

⑨在工具面板中,单击"草图",进入"草图"工具栏,单击"面片草图" ✅,在"面片草图"的对话框中,勾选中"平面投影"复选框,"基准平面"选择"前",设置"轮廓投影范围"为"60",单击"确定" ✅按钮,进入"面片草图"模式,并用构造点命令绘制点。并用阵列命令整列,如图 2.35 所示。单击"退出" ⏎按钮,退出"面片草图"模式,之后进行拉伸选切割,如图 2.36 所示。之后用"圆角"命令进行倒圆,如图 2.37 所示。

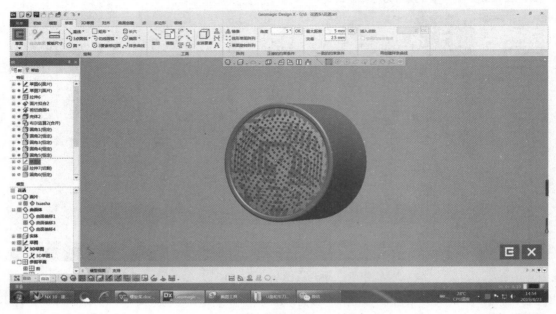

图 2.35　阵列命令

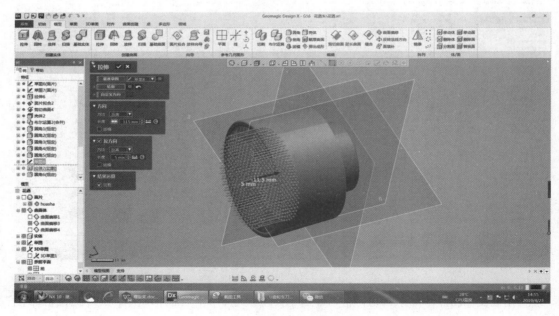

图 2.36　阵列命令

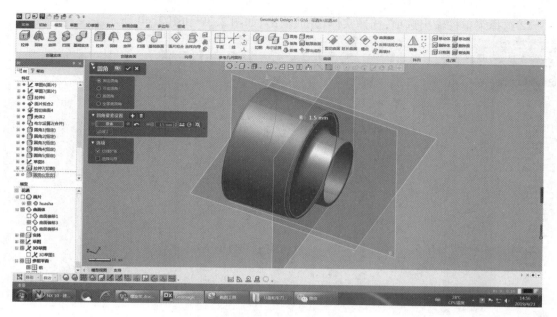

图 2.37　阵列命令

任务 2.4　完成建模及输出

①完成建模,如图 2.38 所示。

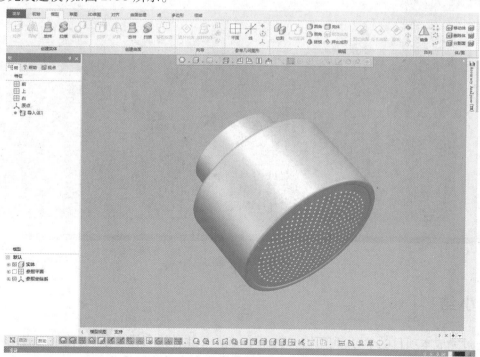

图 2.38　完成建模

②选择菜单栏输出选项,选择实体,完成输出,如图 2.39 和图 2.40 所示。

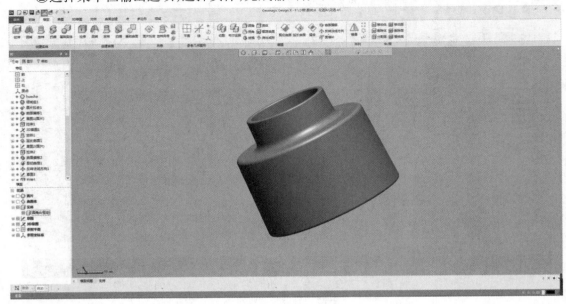

图 2.39　输出

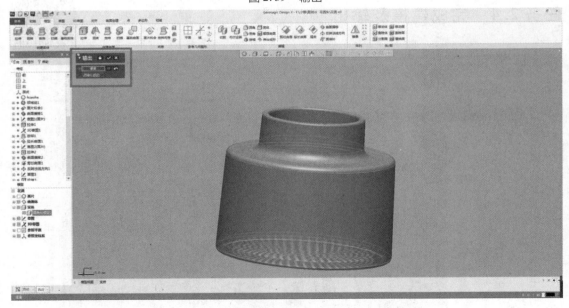

图 2.40　输出

项目小结

通过完成本项目的学习,利用 Geomagic Design X 软件进行模型重构,让学习者初步理解面片拟合、修剪、拉伸等命令的功能,初步掌握各操作命令的实际运用。

课后思考

1. 划分领域组的依据是什么?
2. 创建坐标系的方式有哪些?
3. 实体拉伸和面片拉伸的区别有哪些?

项目单卡

一、项目计划表

花洒头案例初始化项目计划表见表2.1。

表2.1 花洒头案例初始化项目计划表

工序	工序内容
1	先检查_____软件是否能够正常打开。
2	分析坐标系是否(□对齐,□齐整,□合适,□美观)
3	Geomagic Design X 各模块是否正常,点、_____、_____、体模块是否正常。
4	花洒头案例数据(□是□否)正常

二、展示数据初始化效果并进行评判(10 min)

以小组为单位,小组长根据以下讲话稿上台分享展示数据初始化效果,其他小组成员进行评判其初始化效果是否正确。

1. 学生展示讲话稿

(1)开场礼貌用语;

(2)展示学生的自我介绍;

(3)分享初始化效果及其步骤;

(4)分析自己处理操作的优缺点。

2. 学生自评

学生自评表见表 2.2。

表 2.2　初始化处理自评表

评价项目	评价要点	符合程度		备　注
学习工具	电脑	□基本符合	□基本不符合	
	Design X 软件	□基本符合	□基本不符合	
	点云数据	□基本符合	□基本不符合	
	花洒头原型	□基本符合	□基本不符合	
学习目标	符合花洒头案例初始化要求	□基本符合	□基本不符合	
	在初始化中是否已经对齐坐标系	□基本符合	□基本不符合	
课堂 6S	整理（Seiri）	□基本符合	□基本不符合	
	整顿（Seition）	□基本符合	□基本不符合	
	清扫（Seiso）	□基本符合	□基本不符合	
	清洁（Seiketsu）	□基本符合	□基本不符合	
	素养（Shitsuke）	□基本符合	□基本不符合	
	安全（Safety）	□基本符合	□基本不符合	
评价等级	A	B	C	D

项目 3

扳手的反求工程

项目引入

扳手(图 3.1)是一种常用的安装与拆卸工具。利用杠杆原理拧转螺栓、螺钉、螺母和其他螺纹紧持螺栓或螺母的开口或套孔固件的手工工具。扳手通常在柄部的一端或两端制有夹柄部施加外力柄部施加外力，就能拧转螺栓或螺母持螺栓或螺母的开口或套孔。使用时沿螺纹旋转方向在柄部施加外力，就能拧转螺栓或螺母。

图 3.1 扳手

项目目标

知识目标

- 学会用不同的方式去创建一个面。
- 学会反求工程 Geomagic Design X 软件的基本命令的运用。
- 学会做 3D 曲线。

能力目标

- 进一步掌握逆向工程的流程。
- 明白数据初始化的重要性。
- 了解 Geomagic Design X 软件的使用。

素质目标

- 具有严谨求实精神。
- 具有个人实践创新能力。
- 具备 6S 职业素养。

任务 3.1　数据初始化

扳手案例建
模坐标对齐

①在快速访问工具栏中，单击"导入" 按钮，弹出如图 3.2 所示的对话框，选择"数控零件"，单击"仅导入"按钮，导入三角面片，结果如图 3.3 所示。

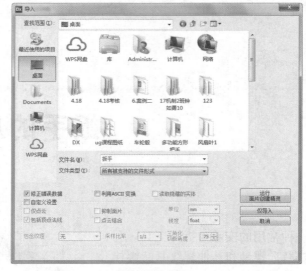

图 3.2　导入

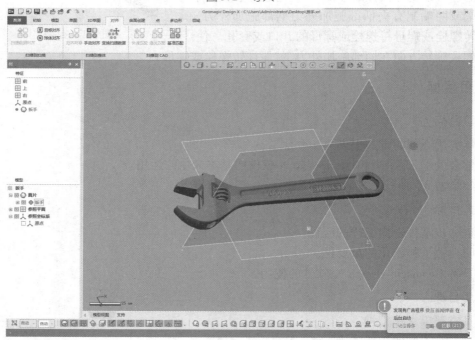

图 3.3　导入

②在工具面板中，单击"领域"，进入"领域"工具栏，单击"画笔选择模式" 对扳手的单个面进行涂画，涂画完成后单击"插入" 完成领域，先将扳手所有需要领域的面进行领域，

结果如图 3.4 所示。

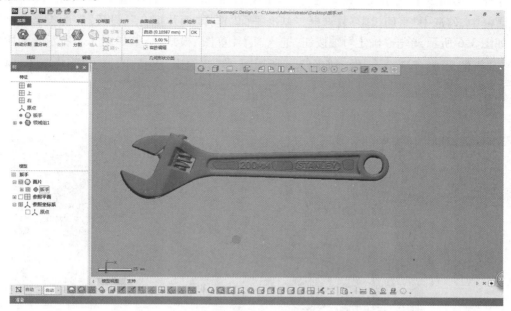

图 3.4　领域

③在工具面板中,单击"模型",进入"模型"工具栏,单击"面片拟合" 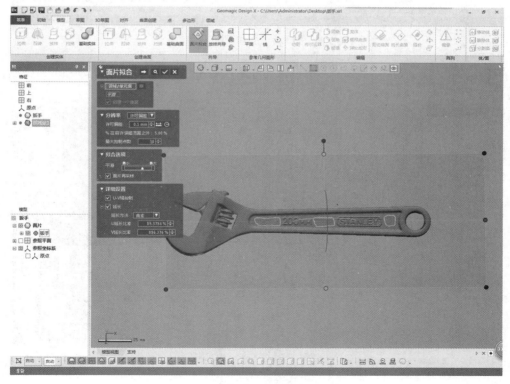 按钮,选择如图 3.5 所示,单击"确定" 按钮即可。

图 3.5　面片拟合

④在工具面板中,单击"草图",进入"草图"工具栏,单击"面片草图" 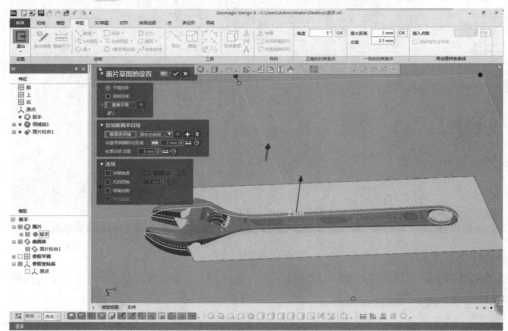,在"面片草图"的对话框中,勾选中"平面投影"复选框,"基准平面"选择"面片拟合",设置"轮廓投影范围"为"2",如图3.6所示,单击"确定" 按钮,进入"面片草图"模式,结果如图3.7所示。利用"直线"、"智能尺寸" 命令,做出如图3.8所示图,单击"退出" 按钮,退出"面片草图"模式。

图3.6　面片草图

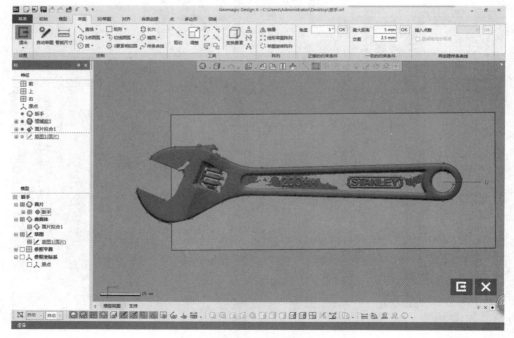

图3.7　面片草图

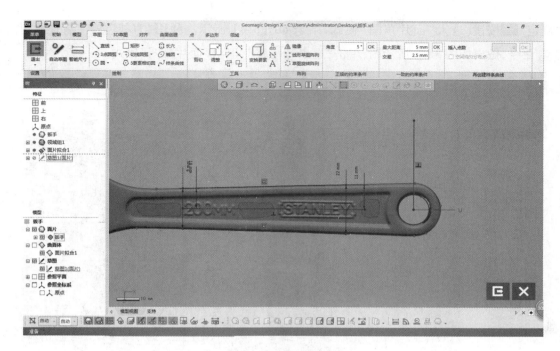

图3.8　面片草图

⑤在工具面板中,单击"模型",进入"模型"工具栏,单击"拉伸" 🔲 按钮,"轮廓"选择"草图1(面片)","方法"设置为"距离","长度"设置为"50",结果如图3.9所示,单击"确定" ✔ 按钮即可。

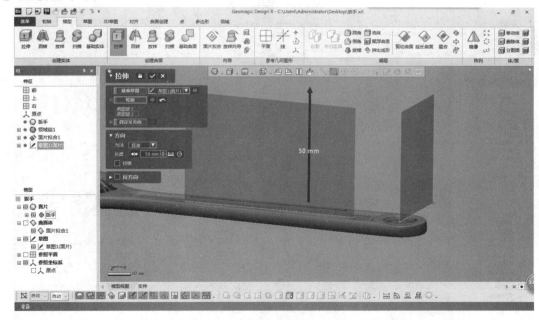

图3.9　拉伸

⑥在工具面板中,单击"草图",进入"草图"工具栏,单击"面片草图" 🖊,在"面片草图"的对话框中,勾选中"平面投影"复选框,设置"轮廓投影范围"为"7",如图3.10所示,单击

"确定" ☑ 按钮,进入"面片草图"模式,结果如图 3.11 所示。利用"直线" ↘、"智能尺寸" ⊨ 命令,做出如图 3.12 所示图,单击"退出" ᇀ 按钮,退出"面片草图"模式。

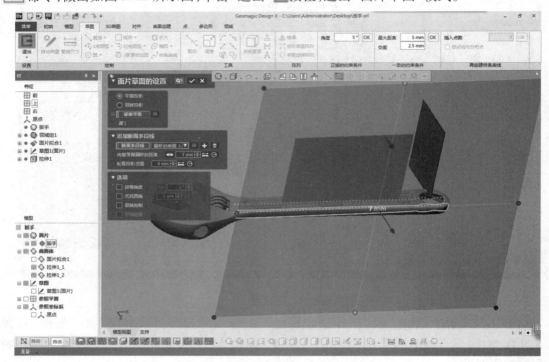

图 3.10 面片草图

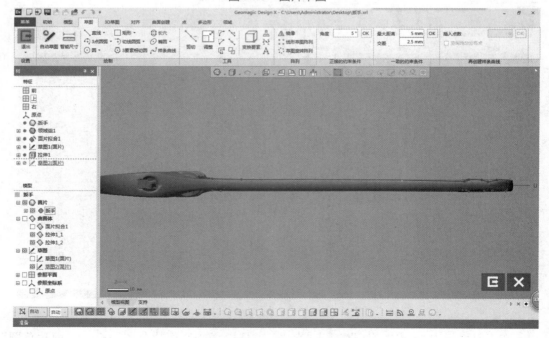

图 3.11 面片草图

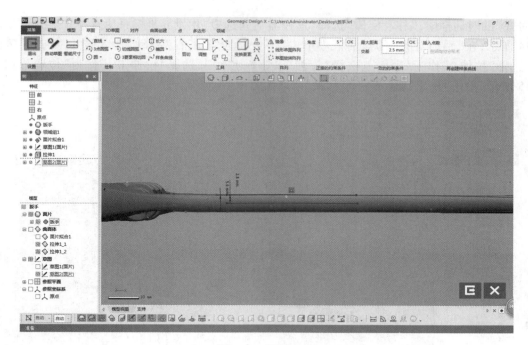

图 3.12 面片草图

⑦在工具面板中，单击"模型"，进入"模型"工具栏，单击"拉伸" 按钮，"轮廓"选择"草图 2（面片）"，"方法"设置为"距离"，"长度"设置为"50"，结果如图 3.13 所示，单击"确定" 按钮即可。

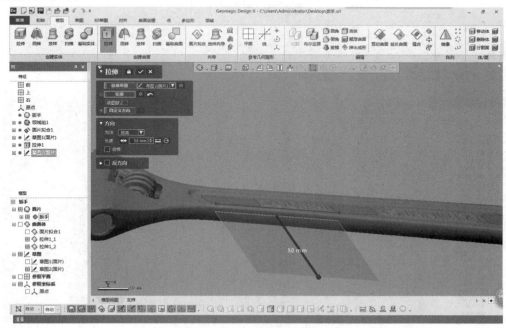

图 3.13 拉伸

⑧在工具面板中，单击"对齐"，进入"对齐"的工具栏中，单击"手动对齐" 按钮，在"手

动对齐"的对话框中,"移动实体"选择"遥控器",勾选中"用世界坐标系原点预先对齐",如图 3.14 所示,在"手动对齐"的对话框中单击"下一阶段"➡,在"移动"中勾选中"3-2-1"复选框,选择"拉伸 2"作为"平面"、选择"拉伸 1-1"作为"线"、选择"拉伸 1-2"作为"位置",如图 3.15 所示,单击"确定"✔,对齐坐标系,结果如图 3.16 所示。

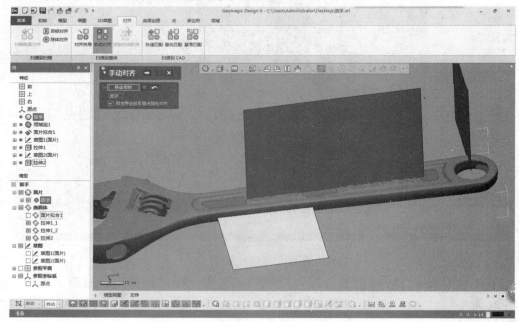

图 3.14　手动对齐

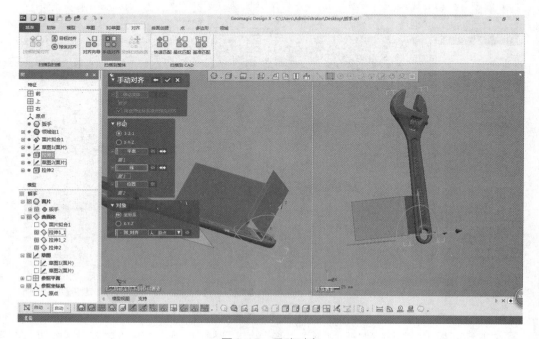

图 3.15　手动对齐

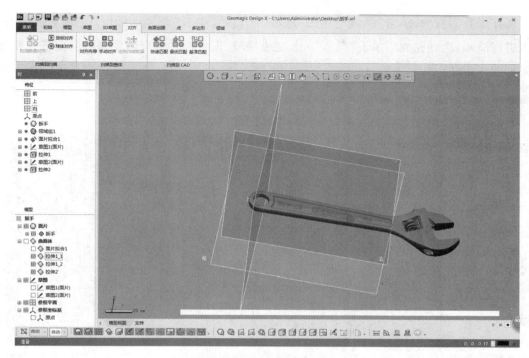

图 3.16　手动对齐

任务 3.2　构建模型主体

扳手案例建
模主体部分

在这一小节中我们再次熟悉和掌握以下几个概念和操作：

曲面拉伸：选择一个封闭或不封闭的草图根据草图平面创建曲面。拉伸方法有距离、通过、到顶点、平面中心对称。

距离：通过输入数值去控制曲面长度。

通过：自动拉伸至该方向所有特征中的最高点。

到顶点：选取一个顶点去控制曲面长度。

平面中心对称：关于该平面双向拉伸，并且每边长度均为输入值的二分之一。

构建模型主体的操作如下：

①在工具面板中，单击"草图"，进入"草图"工具栏，单击"面片草图" ，在"面片草图"的对话框中，勾选中"平面投影"复选框，"基准平面"选择"右"，设置"轮廓投影范围"为"0"，单击"确定" 按钮，进入"面片草图"模式，利用直线 命令，对"扳手轮廓"区域进行拟合及约束，结果如图 3.17 所示，单击"退出" 按钮，退出"面片草图"模式。

②在工具面板中，单击"模型"，进入"模型"工具栏，单击"拉伸" 按钮，"轮廓"选择"草图 1（面片）"作为轮廓，"方法"选择"距离"，设置"长度"为"20"，"反方向"设置"长度"为"20"如图 3.18 所示，单击"确定" 按钮。

③在工具面板中，单击"菜单"，选择"插入"，再选择"曲面"，然后单击"反转法线方向"，曲面体选择"拉伸 1"，单击"确定" 按钮，结果如图 3.19 所示。

④在工具面板中,单击"领域",进入"领域"工具栏,单击"画笔选择模式" 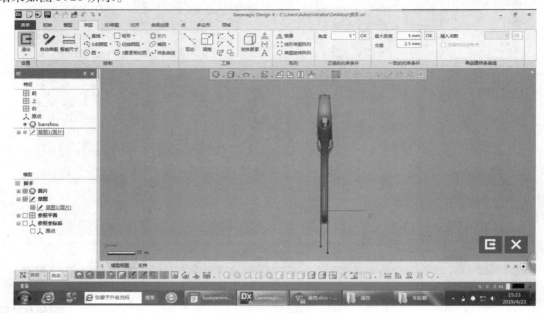 对扳手的单个面进行涂画,涂画完成后单击"插入" 完成领域,先将模具所有需要领域的面进行领域,结果如图3.20所示。

图 3.17　面片草图

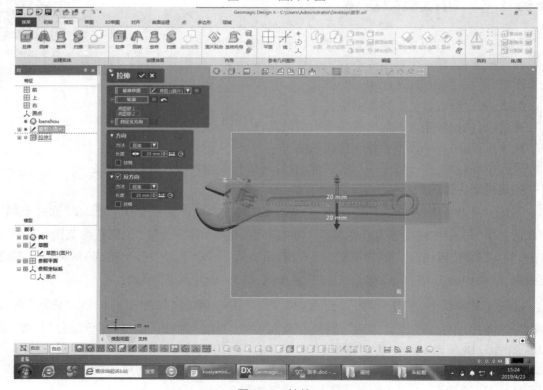

图 3.18　拉伸

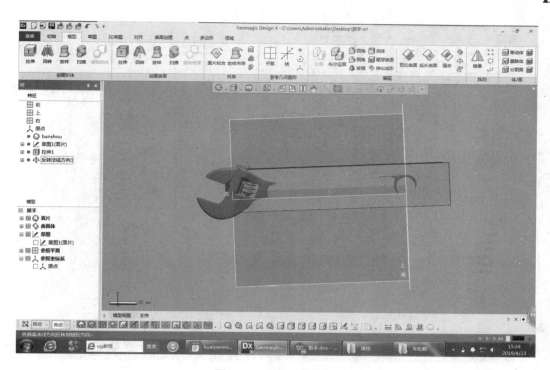

图 3.19　反转法线方向

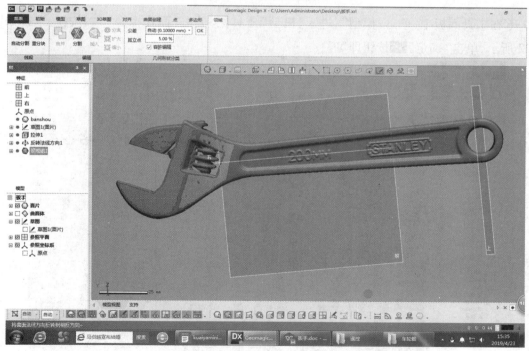

图 3.20　领域

　　⑤在工具面板中,单击"模型",进入"模型"工具栏,单击"面片拟合" 按钮,选择如图
3.21 所示,单击"确定" 按钮即可。

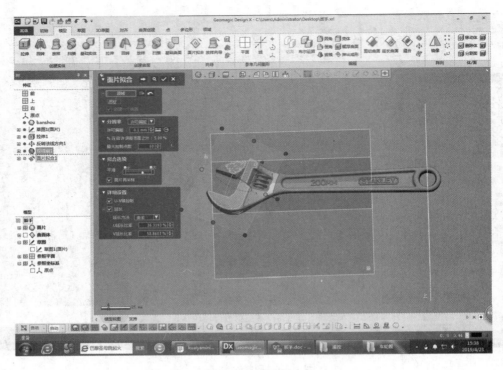

图 3.21 面片拟合

⑥在工具面板中,单击"模型",进入"模型"工具栏,单击"面片拟合" 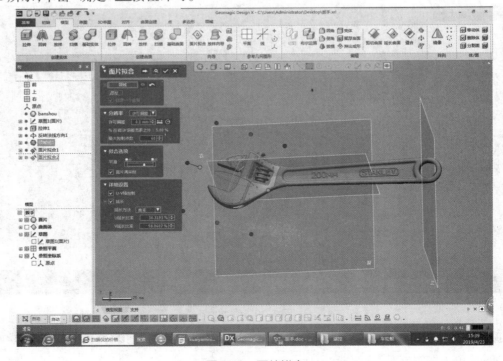 按钮,选择如图 3.22 所示,单击"确定" 按钮即可。

图 3.22 面片拟合

⑦在工具面板中,单击"3D 草图",进入"3D 草图"工具栏,单击"3D 草图" ✗,单击"断面" 🗐,"对象要素"选择"扳手",单击"下一阶段" ➡️,利用"绘制画面上的线"、"分割" ⌇、"样条曲线" ⌒对"扳手轮廓"区域进行拟合及约束,结果如图 3.23 所示。

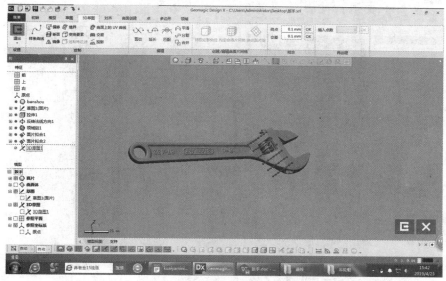

图 3.23　3D 草图

⑧在工具面板中,单击"草图",进入"草图"工具栏,单击"面片草图" ✎,在"面片草图"的对话框中,勾选中"平面投影"复选框,"基准平面"选择"前",设置"轮廓投影范围"为"0",单击"确定" ✓按钮,进入"面片草图"模式,利用"直线" ╲命令,对"扳手轮廓"区域进行拟合及约束,结果如图 3.24 所示,单击"退出" 🡒按钮,退出"面片草图"模式。

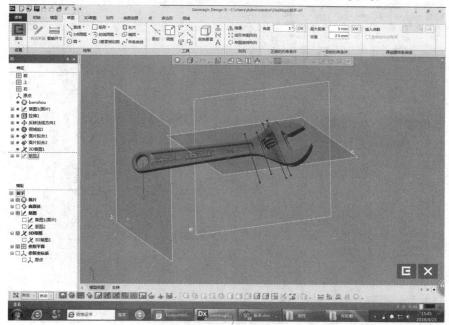

图 3.24　面片草图

⑨在工具面板中,单击"模型",进入"模型"工具栏,单击"面片拟合"按钮,选择如图3.25 所示,单击"确定"按钮即可。

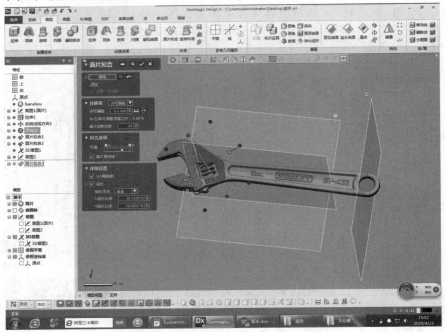

图 3.25　面片拟合

⑩在工具面板中,单击"模型",进入"模型"工具栏,单击"面片拟合"按钮,选择如图3.26 所示,单击"确定"按钮即可。

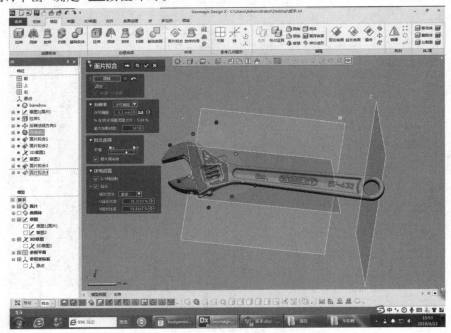

图 3.26　面片拟合

⑪在工具面板中，单击"模型"，进入"模型"工具栏，单击"剪切曲面" 按钮，"工具要素"选择"面片拟合 1"和"面片拟合 3"，单击"下一阶段" ，"残留体"选择如图 3.27 所示。

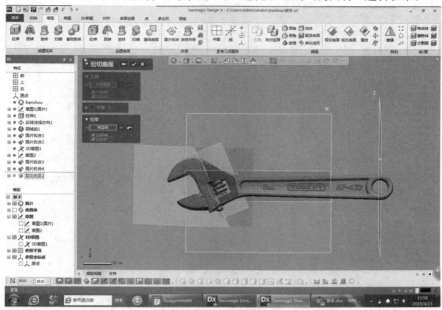

图 3.27　残留体

⑫在工具面板中，单击"模型"，进入"模型"工具栏，单击"剪切曲面" 按钮，"工具要素"选择"面片拟合 2"和"面片拟合 4"，单击"下一阶段" ，"残留体"选择如图 3.28 所示。

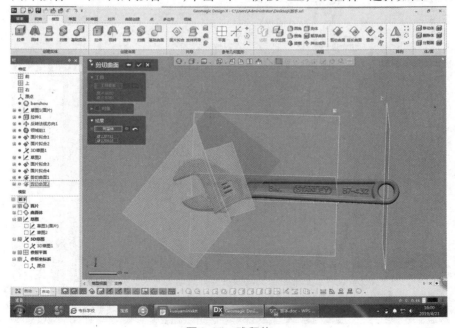

图 3.28　残留体

⑬在工具面板中，单击"草图"，进入"草图"工具栏，单击"面片草图" ，在"面片草图"的对话框中，勾选中"平面投影"复选框，"基准平面"选择"前"，设置"轮廓投影范围"为"0"，

单击"确定" ☑ 按钮,进入"面片草图"模式,结果如图 3.29 所示,单击"退出" ⬜ 按钮,退出"面片草图"模式。

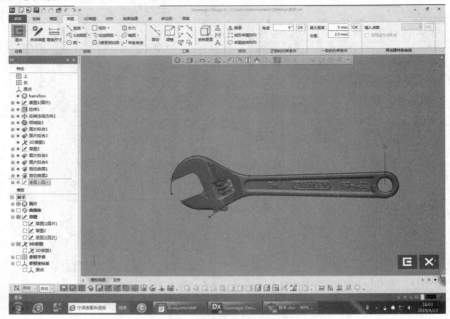

图 3.29　面片草图

⑭在工具面板中,单击"草图",进入"草图"工具栏,单击"草图",结果如图 3.30 所示,单击"退出" ⬜ 按钮,退出"草图"模式。

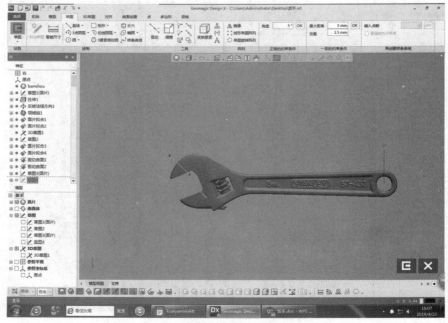

图 3.30　草图

⑮在工具面板中,单击"模型",进入"模型"工具栏,单击"拉伸" ⬜ 按钮,"轮廓"选择"草图 4"作为轮廓,"方法"选择"距离",设置"长度"为"20","反方向"设置"长度"为"20"如图

3.31 所示,单击"确定" ✓ 按钮。

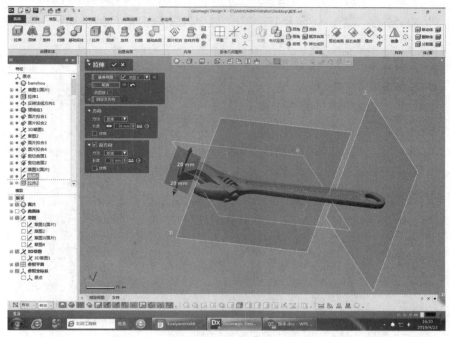

图 3.31 拉伸

⑯在工具面板中,单击"草图",进入"草图"工具栏,单击"面片草图" ✍,在"面片草图"的对话框中,勾选中"平面投影"复选框,"基准平面"选择"右",设置"轮廓投影范围"为"0",单击"确定" ✓ 按钮,进入"面片草图"模式,结果如图 3.32 所示,单击"退出" ⮐ 按钮,退出"面片草图"模式。

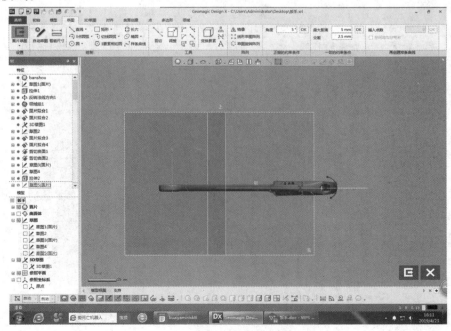

图 3.32 面片草图

⑰在工具面板中,单击"模型",进入"模型"工具栏,单击"扫描" 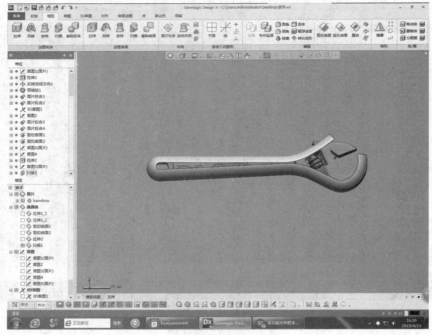按钮,轮廓选择"草图5(面片)",路径选择"草图3(面片)",单击"确定"☑按钮即可,结果如图3.33所示。

图3.33 扫描

⑱在工具面板中,单击"模型",进入"模型"工具栏,单击"圆角"按钮,选择边线如图3.34所示,半径为"9",单击"确定"☑按钮即可。

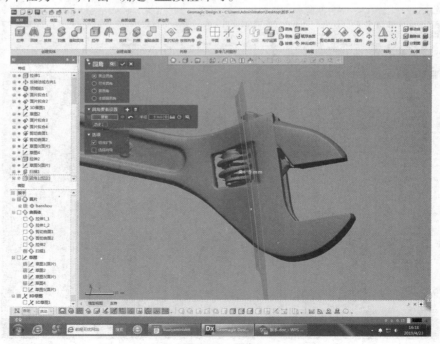

图3.34 圆角

⑲在工具面板中,单击"模型",进入"模型"工具栏,单击"圆角" 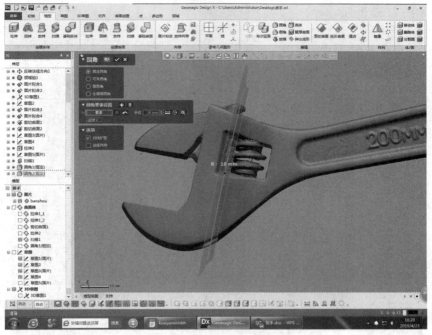按钮,选择边线如图3.35所示,半径为"10",单击"确定" 按钮即可。

图3.35 圆角

⑳在工具面板中,单击"草图",进入"草图"工具栏,单击"草图"结果如图3.36所示,单击"退出" 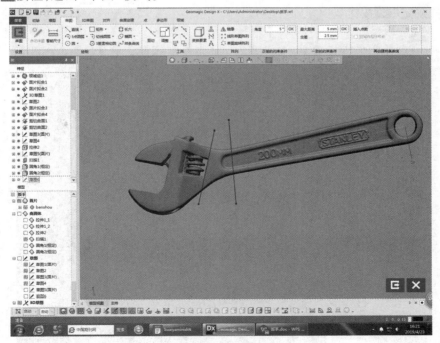按钮,退出"草图"模式。

图3.36 草图

㉑在工具面板中,单击"模型",进入"模型"工具栏,单击"剪切曲面" 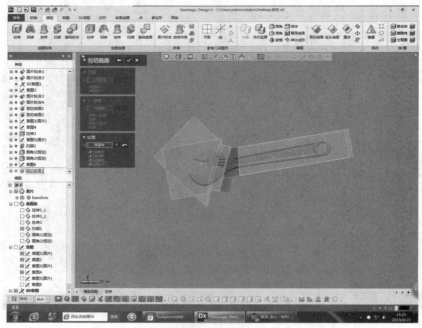 按钮,"工具要素"选择"草图6",对象体选择"圆角1""圆角2""拉伸1""拉伸2"单击"下一阶段" ➡️ ,"残留体"选择如图3.37所示。

图3.37 剪切曲面

㉒在工具面板中,单击"模型",进入"模型"工具栏,单击"放样" 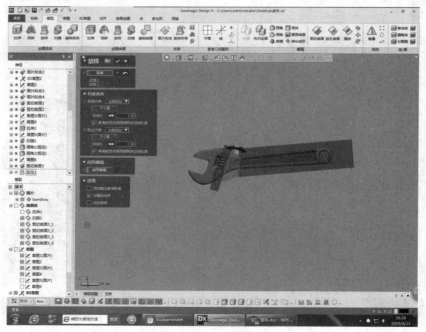 按钮,选择如图3.38所示,单击"确定" ✅ 按钮。

图3.38 放样

㉓在工具面板中,单击"模型",进入"模型"工具栏,单击"放样" 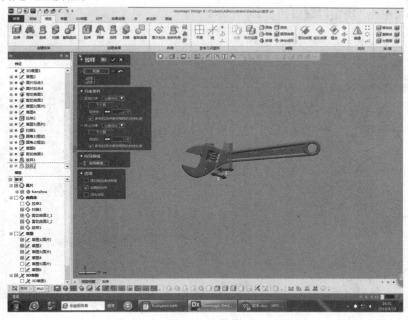 按钮,选择如图 3.39 所示,单击"确定" ✔ 按钮。

图 3.39 放样

㉔在工具面板中,单击"草图",进入"草图"工具栏,单击"面片草图" ,在"面片草图"的对话框中,勾选中"平面投影"复选框,"基准平面"选择"前",设置"轮廓投影范围"为"0",单击"确定" ✔ 按钮,进入"面片草图"模式,结果如图 3.40 所示,单击"退出" 按钮,退出"面片草图"模式。

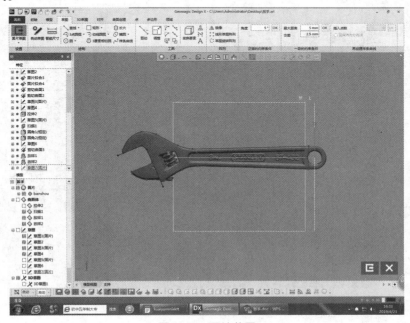

图 3.40 面片草图

㉕在工具面板中,单击"模型",进入"模型"工具栏,单击"拉伸"⬆️按钮,"轮廓"选择"草图7"作为轮廓,"方法"选择"距离",设置"长度"为"20","反方向"设置"长度"为"20",如图3.41所示,单击"确定"✅按钮。

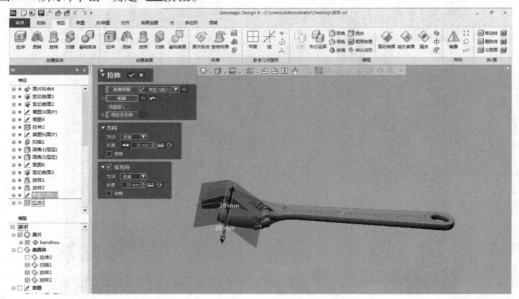

图3.41 拉伸

㉖在工具面板中,单击"菜单",选择"插入",再选择"曲面",然后单击"实体化",要素选择"拉伸3""放样1""放样2""扫描1",单击"确定"✅按钮,结果如图3.42所示。

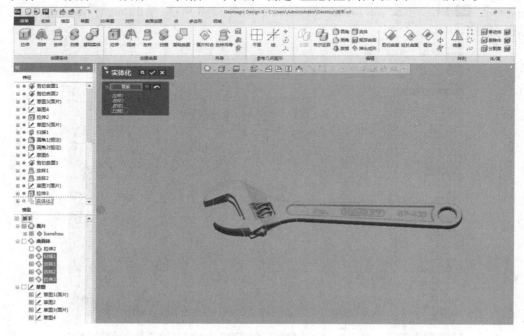

图3.42 实体化

任务 3.3 构建模型细节

①在工具面板中,单击"草图",进入"草图"工具栏,单击"草图",结果如图 3.43 所示,单击"退出" 按钮,退出"草图"模式。

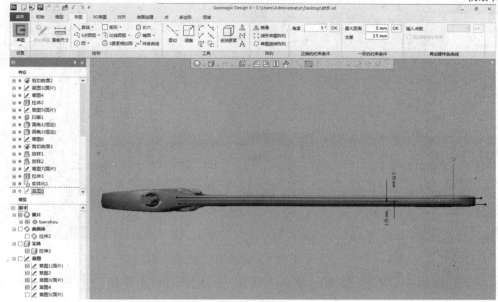

图 3.43 草图

②在工具面板中,单击"模型",进入"模型"工具栏,单击"拉伸" 按钮,"轮廓"选择"草图8"作为轮廓,"方法"选择"距离",设置"长度"为"20","反方向"设置"长度"为"20"如图3.44所示,单击"确定" 按钮。

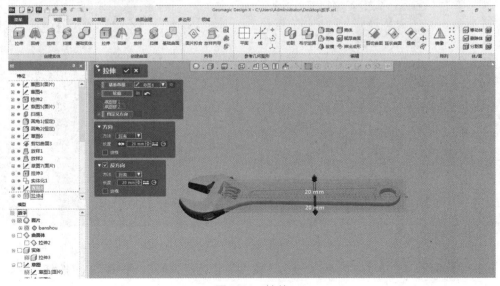

图 3.44 拉伸

③在工具面板中,单击"菜单",选择"插入",再选择"曲面",然后单击"反转法线方向",曲面体选择"拉伸4",单击"确定" ✓ 按钮,结果如图 3.45 所示。

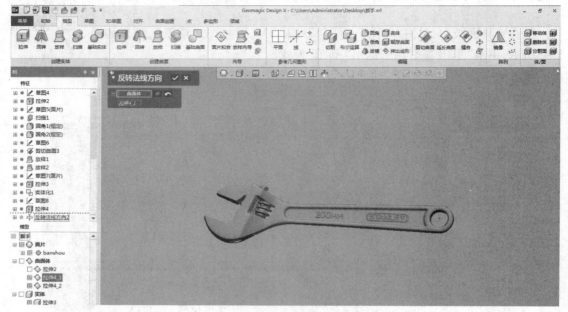

图 3.45　反转法线方向

④在工具面板中,单击"模型",进入"模型"工具栏,单击"平面" 田 按钮,要素选择"前",偏移选项"距离"为"2.4",单击"确定" ✓ 按钮,结果如图 3.46 所示。

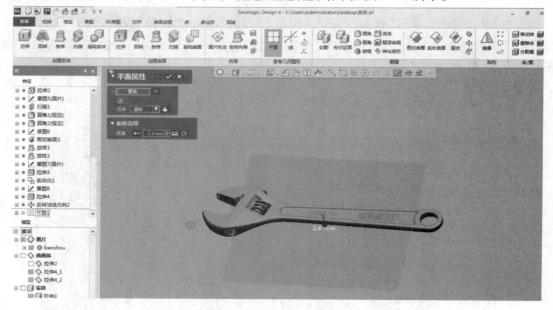

图 3.46　平面

⑤在工具面板中,单击"模型",进入"模型"工具栏,单击"平面" 田 按钮,要素选择"前",偏移选项"距离"为" - 2.4",单击"确定" ✓ 按钮,结果如图 3.47 所示。

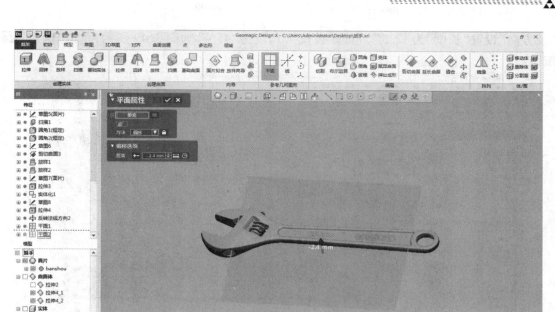

图 3.47　平面

⑥在工具面板中，单击"草图"，进入"草图"工具栏，单击"面片草图" ，在"面片草图"的对话框中，勾选中"平面投影"复选框，"基准平面"选择"前"，设置"轮廓投影范围"为"0"，单击"确定" 按钮，进入"面片草图"模式，结果如图 3.48 所示，单击"退出" 按钮，退出"面片草图"模式。

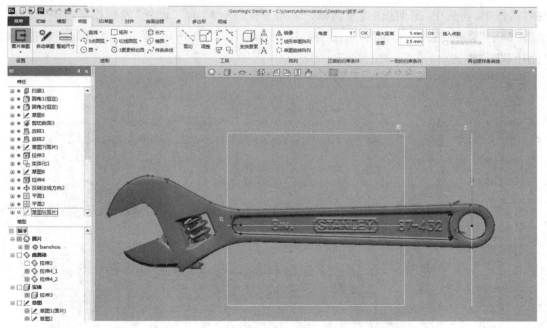

图 3.48　面片草图

⑦在工具面板中，单击"模型"，进入"模型"工具栏，单击"拉伸" 按钮，"轮廓"选择"草图 9"作为轮廓，"方法"选择"距离"，设置"长度"为"7.3"，勾选"拔模"，角度为"45°"；

"反方向"设置"长度"为"2.5"，勾选"拔模"，角度为"45°"，如图 3.49 所示，单击"确定" ☑ 按钮。

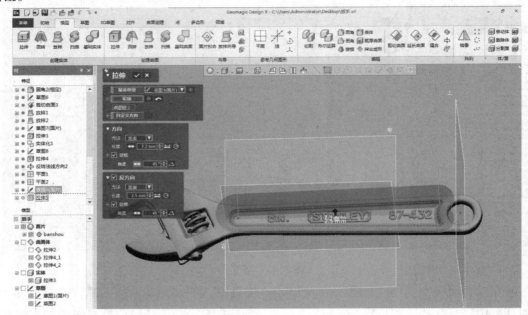

图 3.49　拉伸

⑧在工具面板中，单击"草图"，进入"草图"工具栏，单击"面片草图" ☑，在"面片草图"的对话框中，勾选中"平面投影"复选框，"基准平面"选择"前"，设置"轮廓投影范围"为"0"，单击"确定" ☑ 按钮，进入"面片草图"模式，结果如图 3.50 所示，单击"退出" ☑ 按钮，退出"面片草图"模式。

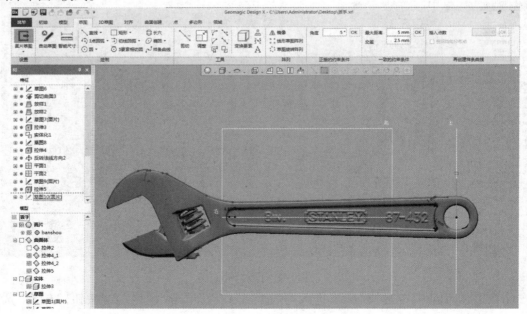

图 3.50　面片草图

⑨在工具面板中,单击"模型",进入"模型"工具栏,单击"拉伸" 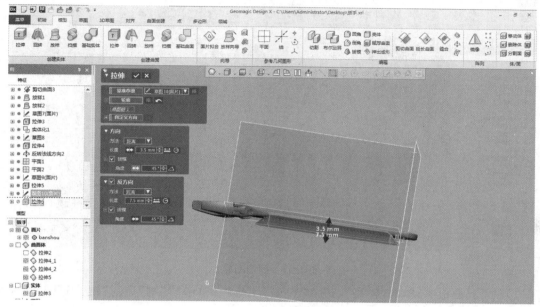 按钮,"轮廓"选择"草图 10"作为轮廓,"方法"选择"距离",设置"长度"为"3.5",勾选"拔模",角度为"45°";"反方向"设置"长度"为"7.5",勾选"拔模",角度为"45°",如图 3.51 所示,单击"确定" 按钮。

图 3.51　拉伸

⑩在工具面板中,单击"模型",进入"模型"工具栏,单击"剪切曲面" 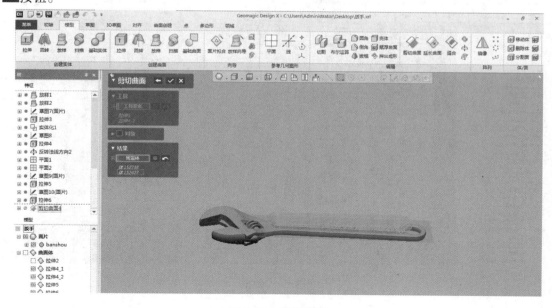 按钮,"工具要素"选择"拉伸 4""拉伸 5",单击"下一阶段" ,"残留体"选择如图 3.52 所示,单击"确定" 按钮。

图 3.52　剪切曲面

⑪在工具面板中,单击"模型",进入"模型"工具栏,单击"剪切曲面" 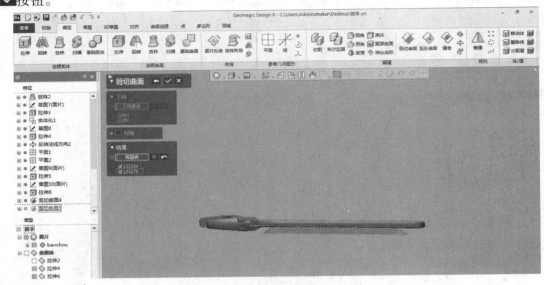 按钮,"工具要素"选择"拉伸4""拉伸6",单击"下一阶段"➡,"残留体"选择如图3.53所示,单击"确定" ✓按钮。

图3.53 剪切曲面

⑫在工具面板中,单击"模型",进入"模型"工具栏,单击"切割" 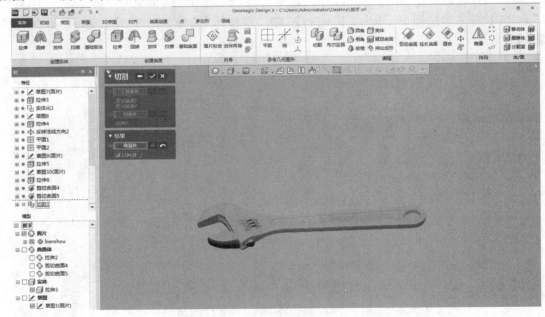 按钮,工具要素选择"剪切曲面4""剪切曲面5",对象体选择"拉伸3",单击"下一阶段"➡按钮,"残留体",结果如图3.54所示,单击"确定"✓按钮。

图3.54 切割

⑬在工具面板中,单击"草图",进入"草图"工具栏,单击"草图",结果如图 3.55 所示,单击"退出" 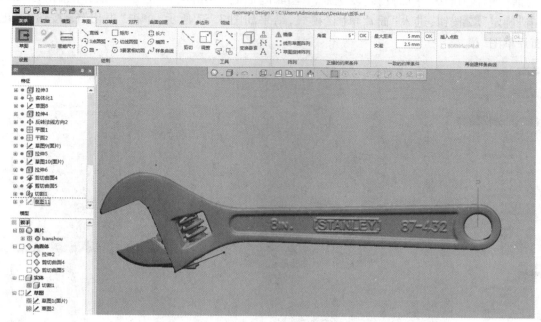按钮,退出"草图"模式。

图 3.55　草图

⑭在工具面板中,单击"模型",进入"模型"工具栏,单击"拉伸" 按钮,轮廓选择"草图 11"作为轮廓,"方法"选择"距离",设置"长度"为"8.6","反方向"设置"长度"为"7.5",结果如图 3.56 所示,单击"确定" 按钮。

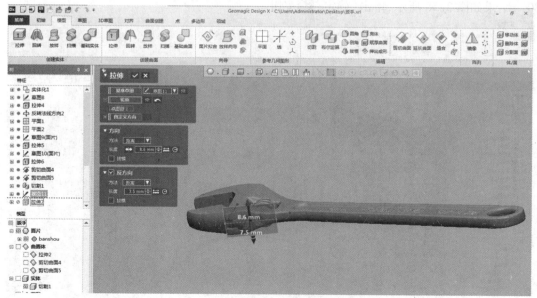

图 3.56　拉伸

⑮在工具面板中，单击"草图"，进入"草图"工具栏，单击"面片草图" ，在"面片草图"的对话框中，勾选中"平面投影"复选框，"基准平面"选择"前"，设置"轮廓投影范围"为"0"，单击"确定" 按钮，进入"面片草图"模式，结果如图3.57所示，单击"退出" 按钮，退出"面片草图"模式。

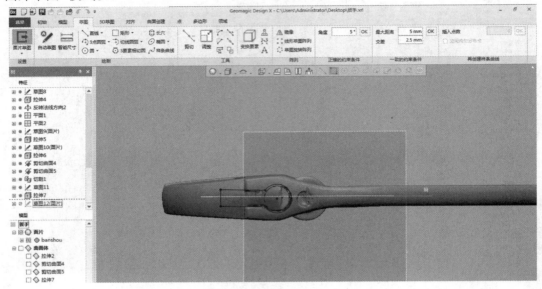

图 3.57　面片草图

⑯在工具面板中，单击"模型"，进入"模型"工具栏，单击"拉伸" 按钮，"轮廓"选择"草图12"作为轮廓，"方法"选择"距离"，设置"长度"为"8.6"，"反方向"设置"长度"为"80"，结果如图3.58所示，单击"确定" 按钮。

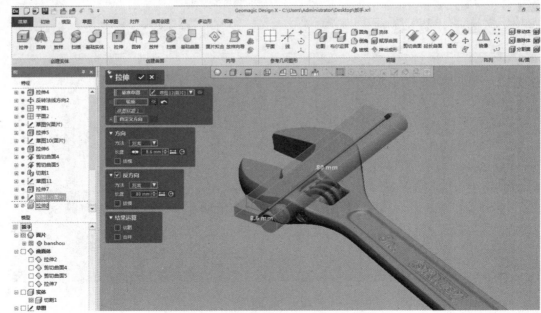

图 3.58　拉伸

⑰在工具面板中,单击"草图",进入"草图"工具栏,单击"面片草图" ✔,在"面片草图"的对话框中,勾选中"平面投影"复选框,"基准平面"选择"前",设置"轮廓投影范围"为"0",单击"确定" ✔按钮,进入"面片草图"模式,结果如图 3.59 所示,单击"退出" ↩按钮,退出"面片草图"模式。

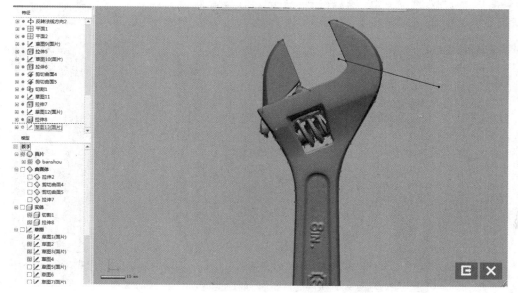

图 3.59　面片草图

⑱在工具面板中,单击"模型",进入"模型"工具栏,单击"拉伸" 🗔按钮,"轮廓"选择"草图13"作为轮廓,"方法"选择"距离",设置"长度"为"8.6","反方向"设置"长度"为"7.5",结果如图 3.60 所示,单击"确定" ✔按钮。

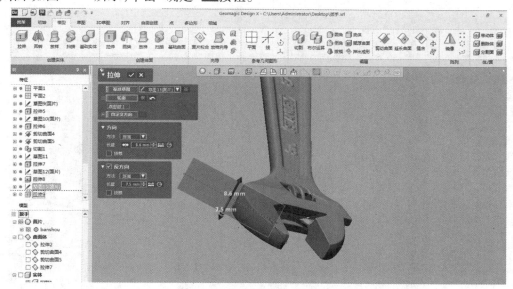

图 3.60　拉伸

⑲在工具面板中,单击"模型",进入"模型"工具栏,单击"切割"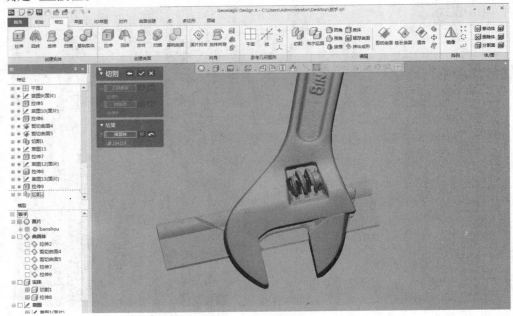按钮,工具要素选择"拉伸9",对象体选择"拉伸8",单击"下一阶段"➡按钮,"残留体",选择如图3.61所示,单击"确定"✅按钮。

图3.61　切割

⑳在工具面板中,单击"模型",进入"模型"工具栏,单击"布尔运算"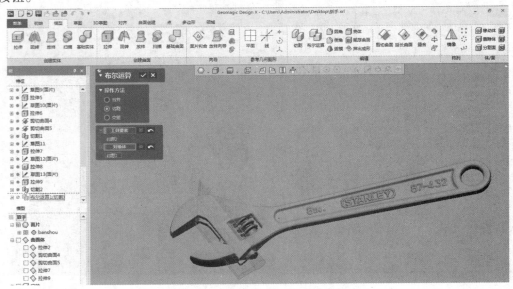按钮,操作方法选择"切割",工具要素选择"切割2",对象体选择"切割1",结果如图3.62所示,单击"确定"✅按钮。

图3.62　布尔运算

㉑在工具面板中,单击"模型",进入"模型"工具栏,单击"面片拟合"⬦按钮,选择如图3.63 所示,单击"确定"☑按钮即可。

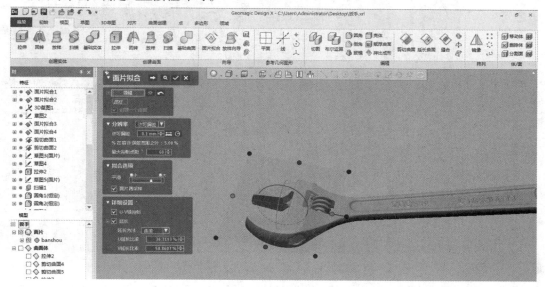

图3.63 面片拟合

㉒在工具面板中,单击"模型",进入"模型"工具栏,单击"面片拟合"⬦按钮,选择如图3.64 所示,单击"确定"☑按钮即可。

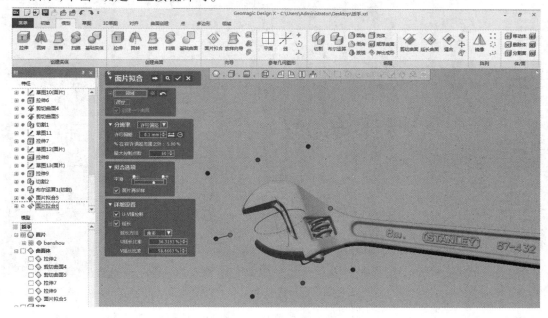

图3.64 面片拟合

㉓在工具面板中,单击"草图",进入"草图"工具栏,单击"面片草图"▧,在"面片草图"的对话框中,勾选中"平面投影"复选框,"基准平面"选择"前",设置"轮廓投影范围"为"0",单击"确定"☑按钮,进入"面片草图"模式,结果如图 3.65 所示,单击"退出"⬅按钮,退出

"面片草图"模式。

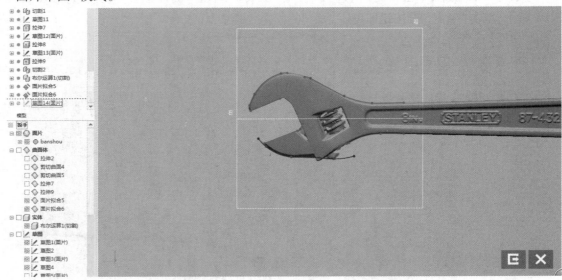

图 3.65　面片拟合

㉔在工具面板中,单击"草图",进入"草图"工具栏,单击"草图",结果如图 3.66 所示,单击"退出"按钮,退出"草图"模式。

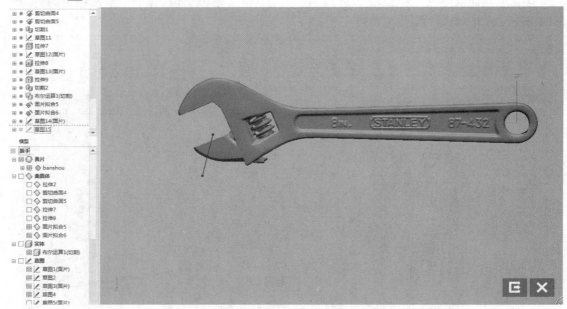

图 3.66　草图

㉕在工具面板中,单击"模型",进入"模型"工具栏,单击"拉伸"按钮,"轮廓"选择"草图 15"作为轮廓,"方法"选择"距离",设置"长度"为"8.6","反方向"设置"长度"为"7.5",结果如图 3.67 所示,单击"确定"按钮。

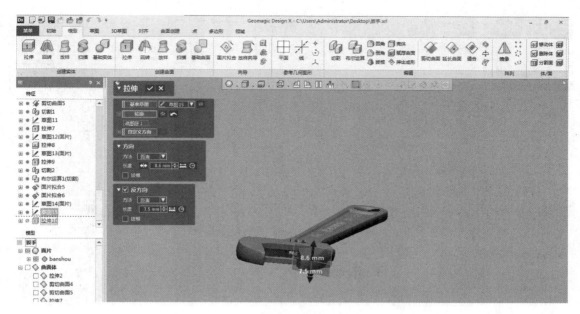

图 3.67 拉伸

㉖在工具面板中,单击"草图",进入"草图"工具栏,单击"面片草图" ✔,在"面片草图"的对话框中,勾选中"平面投影"复选框,"基准平面"选择"上",设置"轮廓投影范围"为"0",单击"确定" ✔按钮,进入"面片草图"模式,结果如图 3.68 所示,单击"退出" ▣按钮,退出"面片草图"模式。

图 3.68 面片草图

㉗在工具面板中,单击"模型",进入"模型"工具栏,单击"扫描" ⬙ 按钮,"轮廓"选择"草图 16(面片)",路径选择"草图 14(面片)",单击"确定" ✔按钮即可,结果如图 3.69所示。

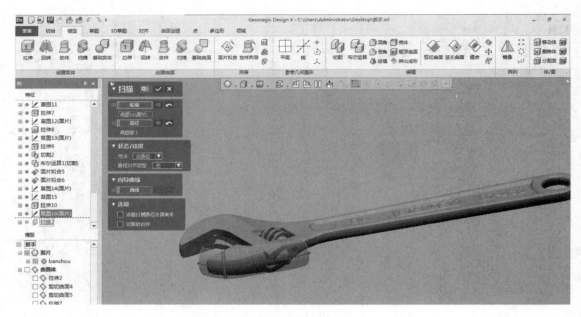

图 3.69　扫描

㉘在工具面板中,单击"菜单",选择"插入",再选择"曲面",然后单击"反转法线方向",曲面体选择"扫描 2",单击"确定" ☑ 按钮,结果如图 3.70 所示。

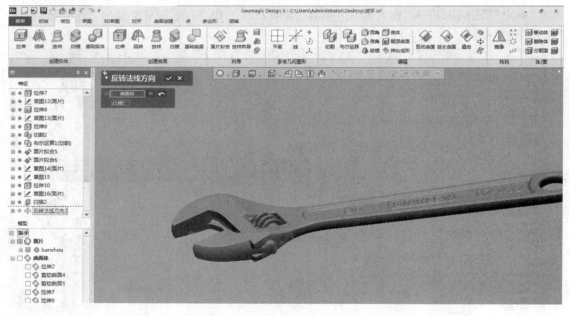

图 3.70　反转法线方向

㉙在工具面板中,单击"草图",进入"草图"工具栏,单击"面片草图" ✍,在"面片草图"的对话框中,勾选中"平面投影"复选框,"基准平面"选择"上",设置"轮廓投影范围"为"0",单击"确定" ☑ 按钮,进入"面片草图"模式,结果如图 3.71 所示,单击"退出" ⬛ 按钮,退出"面片草图"模式。

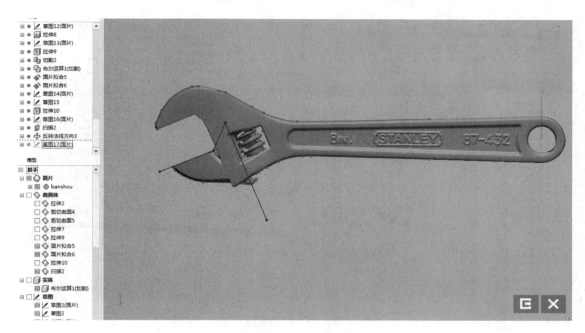

图 3.71　面片草图

㉚在工具面板中，单击"模型"，进入"模型"工具栏，单击"拉伸" 按钮，"轮廓"选择"草图 17 面片"作为轮廓，"方法"选择"距离"，设置"长度"为"20"，"反方向"设置"长度"为"16.5"，结果如图 3.72 所示，单击"确定" 按钮。

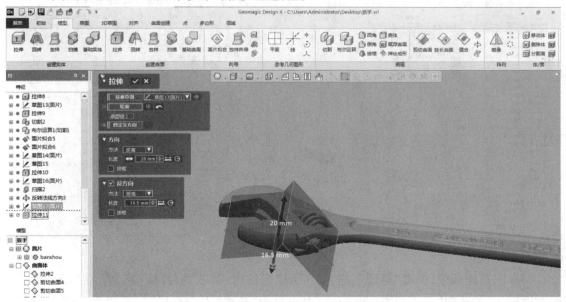

图 3.72　拉伸

㉛在工具面板中，单击"模型"，进入"模型"工具栏，单击"曲面偏移" 按钮，面选择"扫描 2"，偏移距离为"0"，结果如图 3.73 所示，单击"确定" 按钮。

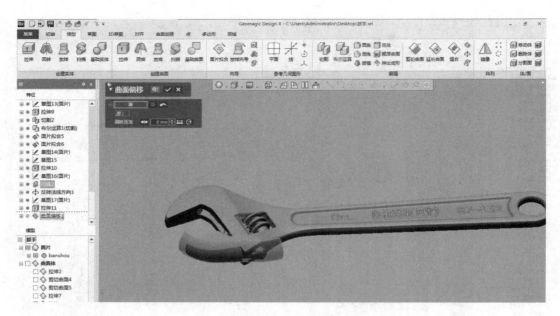

图 3.73　曲面偏移

㉜在工具面板中，单击"菜单"，选择"插入"，再选择"曲面"，然后单击"实体化"，要素选择"拉伸 11""面片拟合 5""面片拟合 6""扫描 2"，单击"确定" ✓ 按钮，结果如图 3.74 所示。

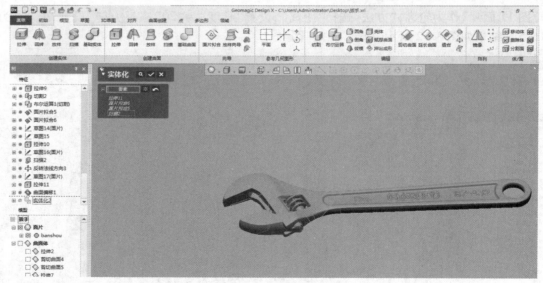

图 3.74　实体化

㉝在工具面板中，单击"草图"，进入"草图"工具栏，单击"面片草图" ✓，在"面片草图"的对话框中，勾选中"平面投影"复选框，"基准平面"选择"右"，设置"轮廓投影范围"为"0"，单击"确定" ✓ 按钮，进入"面片草图"模式，结果如图 3.75 所示，单击"退出" ✓ 按钮，退出"面片草图"模式。

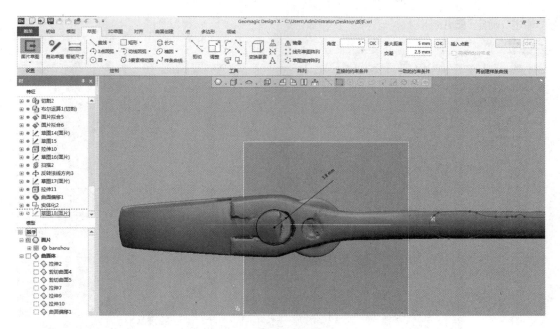

图 3.75　面片草图

㉞在工具面板中,单击"模型",进入"模型"工具栏,单击"拉伸" 按钮,"轮廓"选择"草图 18 面片"作为轮廓,"方法"选择"距离",设置"长度"为"29.5","反方向"设置"长度"为"7.65",结果如图 3.76 所示,单击"确定" 按钮。

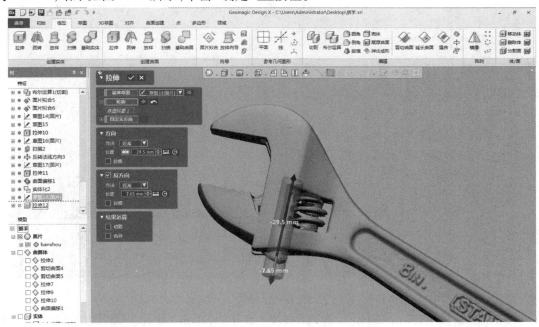

图 3.76　拉伸

㉟在工具面板中,单击"模型",进入"模型"工具栏,单击"切割" 按钮,工具要素选择"曲面偏移 1",对象体选择"拉伸 12",单击"下一阶段" 按钮,"残留体",选择如图 3.77 所

示,单击"确定" ✔ 按钮。

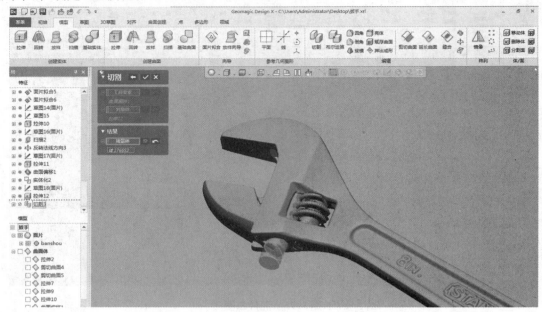

图 3.77　切割

㊱在工具面板中,单击"草图",进入"草图"工具栏,单击"直线"命令绘制草图,结果如图 3.78 所示,单击"退出" ⬅ 按钮,退出"草图"模式。

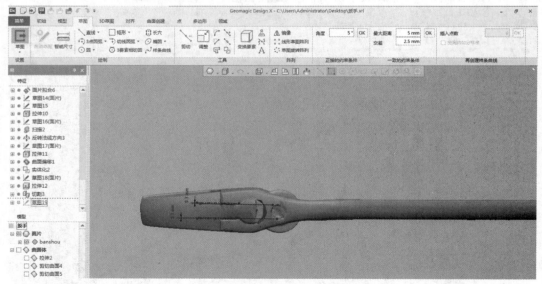

图 3.78　草图

㊲在工具面板中,单击"模型",进入"模型"工具栏,单击"拉伸" ⬆ 按钮,"轮廓"选择"草图 19"作为轮廓,"方法"选择"距离",设置"长度"为"35.85","反方向"设置"长度"为"8.35",结果如图 3.79 所示,单击"确定" ✔ 按钮。

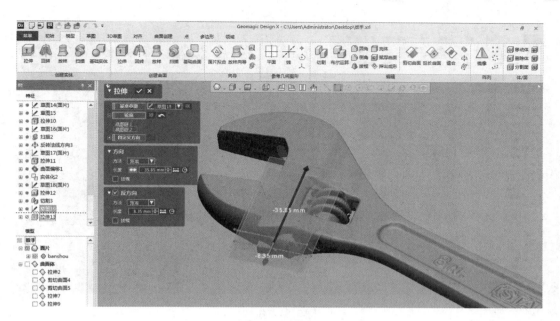

图 3.79　草图

㊳在工具面板中,单击"草图",进入"草图"工具栏,单击"草图",结果如图 3.80 所示,单击"退出"按钮,退出"草图"模式。

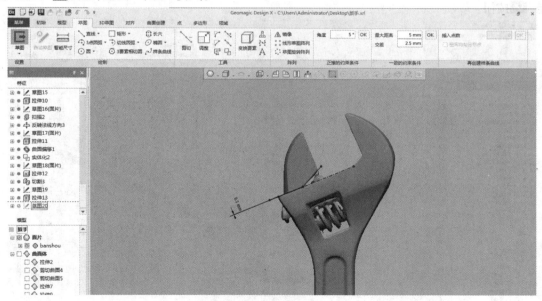

图 3.80　草图

㊴在工具面板中,单击"模型",进入"模型"工具栏,单击"拉伸"按钮,"轮廓"选择"草图 20"作为轮廓,"方法"选择"距离",设置"长度"为"12","反方向"设置"长度"为"7.65",结果如图 3.81 所示,单击"确定"按钮。

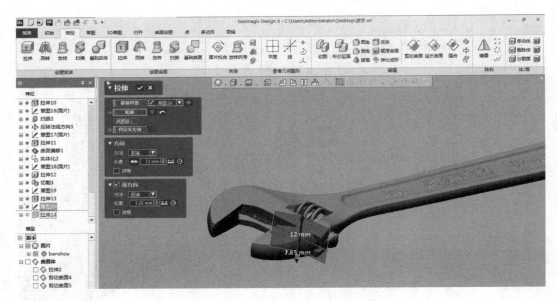

图 3.81　拉伸

㊵在工具面板中，单击"模型"，进入"模型"工具栏，单击"剪切曲面" 按钮，"工具要素"选择"拉伸13""拉伸14"，单击"下一阶段" ➡ ，"残留体"选择如图3.82所示，单击"确定" ✅ 按钮。

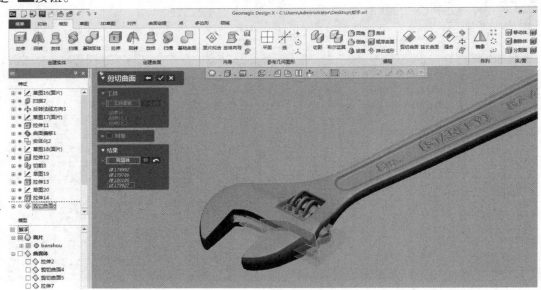

图 3.82　剪切曲面

㊶在工具面板中，单击"模型"，进入"模型"工具栏，单击"切割" 按钮，工具要素选择"剪切曲面6"，对象体选择"拉伸11"，单击"下一阶段" ➡ 按钮，"残留体"选择结果如图3.83所示，单击"确定" ✅ 按钮。

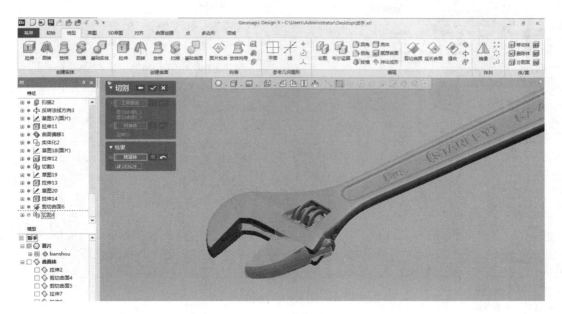

图 3.83　切割

㊷在工具面板中,单击"模型",进入"模型"工具栏,单击"布尔运算" 按钮,操作方法选择"合并",工具要素选择"切割3""切割4",结果如图 3.84 所示,单击"确定" 按钮。

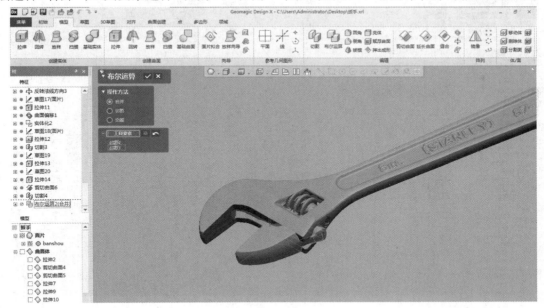

图 3.84　布尔运算

㊸在工具面板中,单击"草图",进入"草图"工具栏,单击"草图",结果如图 3.85 所示,单击"退出" 按钮,退出"草图"模式。

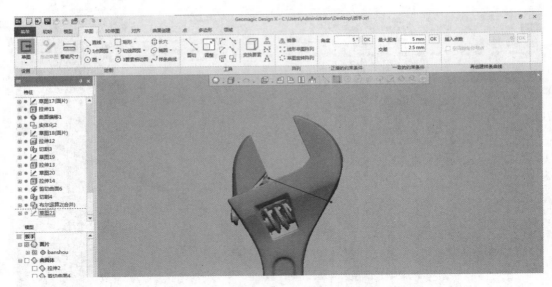

图 3.85　草图

㊹在工具面板中,单击"模型",进入"模型"工具栏,单击"拉伸" 按钮,"轮廓"选择"草图 21"作为轮廓,"方法"选择"距离",设置"长度"为"12","反方向"设置"长度"为"7.65",结果如图 3.86 所示,单击"确定"按钮。

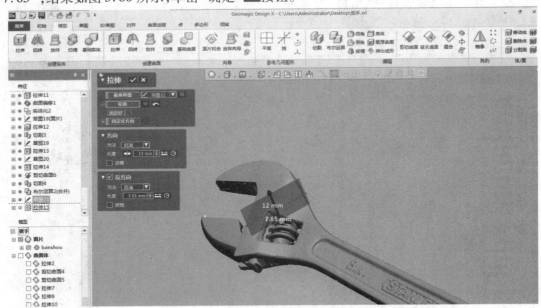

图 3.86　拉伸

㊺在工具面板中,单击"模型",进入"模型"工具栏,单击"切割" 按钮,工具要素选择"拉伸 15",对象体选择"切割 4",单击"下一阶段" 按钮,"残留体",结果如图 3.87 所示,单击"确定"按钮。

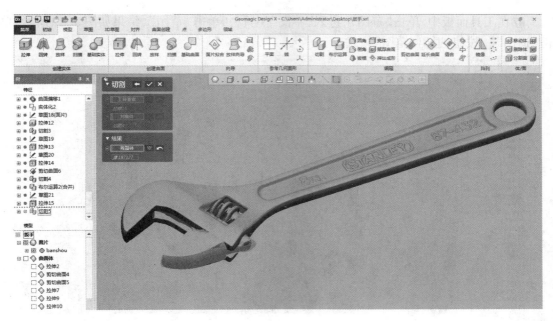

图 3.87　切割

㊻在工具面板中,单击"菜单",选择插入,再选择建模特征,单击"删除面",选择"删除和修正",面选择"面1""面2""面3",结果如图3.88所示,单击"确定" 按钮。

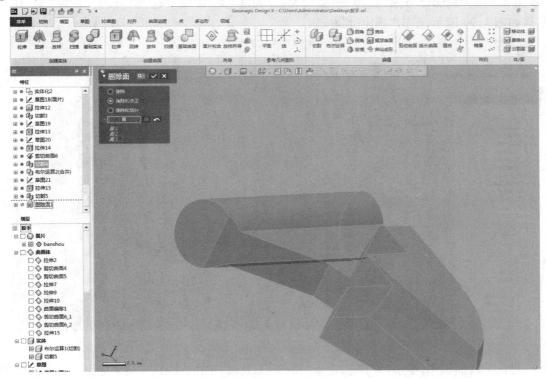

图 3.88　删除面

㊼在工具面板中，单击"草图"，进入"草图"工具栏，单击"草图"，结果如图3.89所示，单击"退出"■按钮，退出"草图"模式。

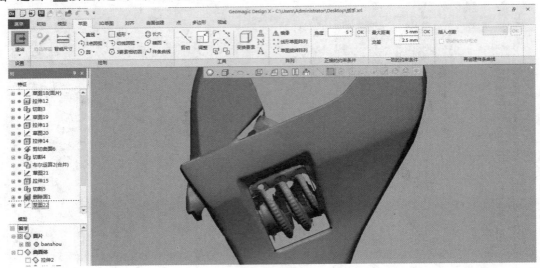

图3.89 草图

㊽在工具面板中，单击"模型"，进入"模型"工具栏，单击"拉伸"■按钮，"轮廓"选择"草图22"作为轮廓，"方法"选择"距离"，设置"长度"为"10"，"反方向"设置"长度"为"18"，结果如图3.90所示，单击"确定"■按钮。

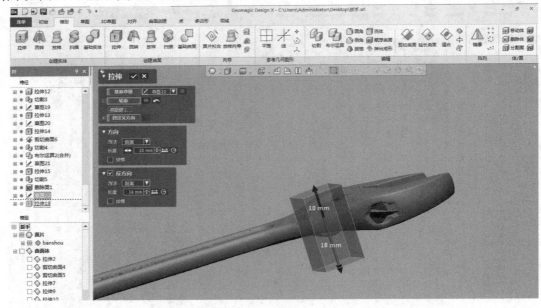

图3.90 拉伸

㊾在工具面板中，单击"草图"，进入"草图"工具栏，单击"草图"，结果如图3.91所示，单击"退出"■按钮，退出"草图"模式。

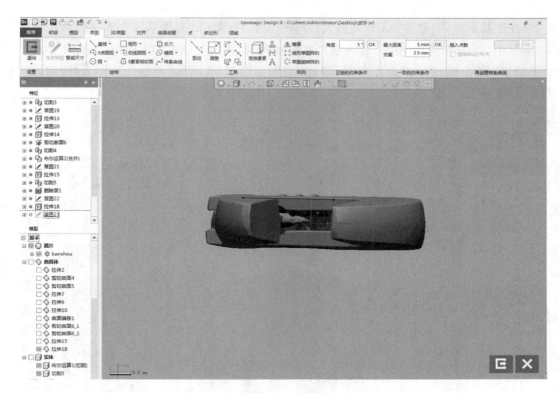

图 3.91　草图

㊿在工具面板中,单击"模型",进入"模型"工具栏,单击"拉伸"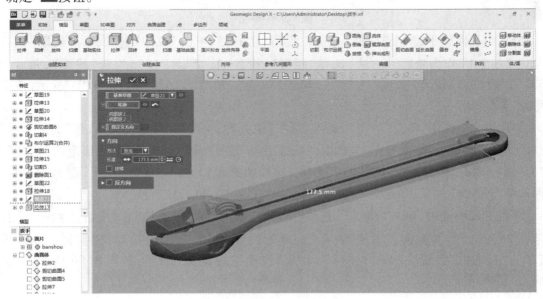按钮,"轮廓"选择"草图 23"作为轮廓,"方法"选择"距离",设置"长度"为"177.5",结果如图 3.92 所示,单击"确定"✅按钮。

图 3.92　拉伸

(51)在工具面板中，单击“草图”，进入“草图”工具栏，单击“面片草图”，在“面片草图”的对话框中，勾选中“平面投影”复选框，“基准平面”选择“前”，设置“轮廓投影范围”为“0”，单击“确定”按钮，进入“面片草图”模式，结果如图 3.93 所示，单击“退出”按钮，退出“面片草图”模式。

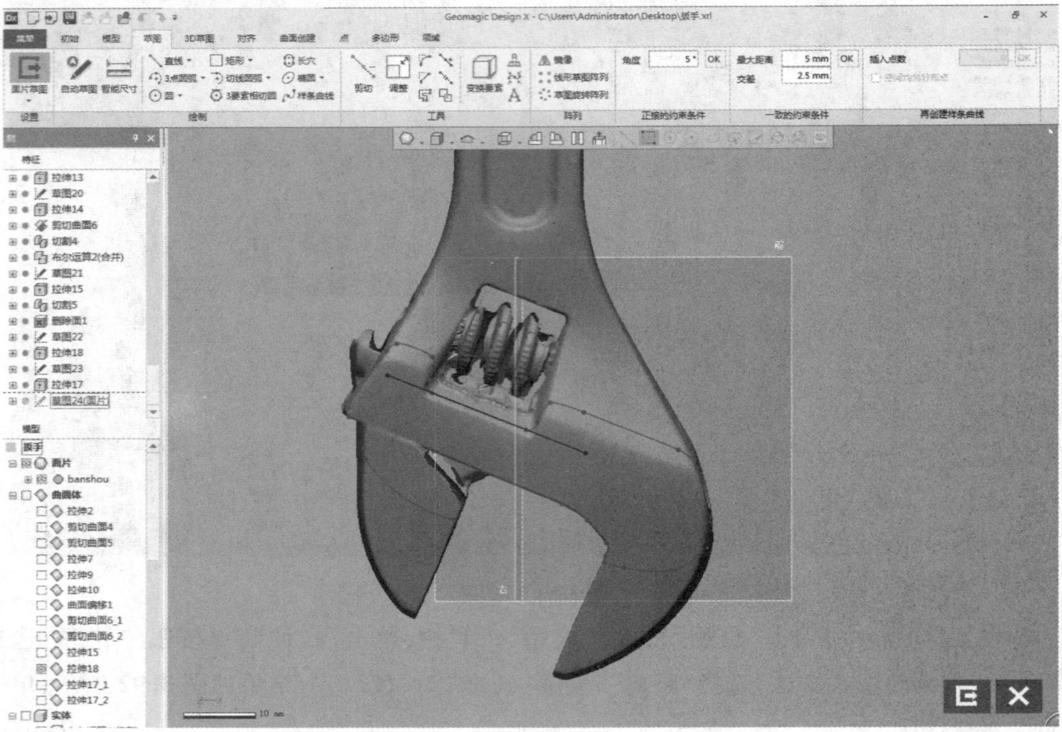

图 3.93　草图

(52)在工具面板中，单击“模型”，进入“模型”工具栏，单击“拉伸”按钮，“轮廓”选择“草图 24 面片”作为轮廓，“方法”选择“距离”，设置“长度”为“10”，勾选“拔模”，角度为“53°”；“反方向”设置“长度”为“18”，勾选“拔模”，角度为“53°”，如图 3.94 所示，单击“确定”按钮。

(53)在工具面板中，单击“草图”，进入“草图”工具栏，单击“面片草图”，在“面片草图”的对话框中，勾选中“平面投影”复选框，“基准平面”选择“前”，设置“轮廓投影范围”为“0”，单击“确定”按钮，进入“面片草图”模式，结果如图 3.95 所示，单击“退出”按钮，退出“面片草图”模式。

(54)在工具面板中，单击“模型”，进入“模型”工具栏，单击“拉伸”按钮，“轮廓”选择“草图 25 面片”作为轮廓，“方法”选择“距离”，设置“长度”为“10”，勾选“拔模”，角度为“53°”；“反方向”设置“长度”为“18”，勾选“拔模”，角度为“53°”，如图 3.96 所示，单击“确定”按钮。

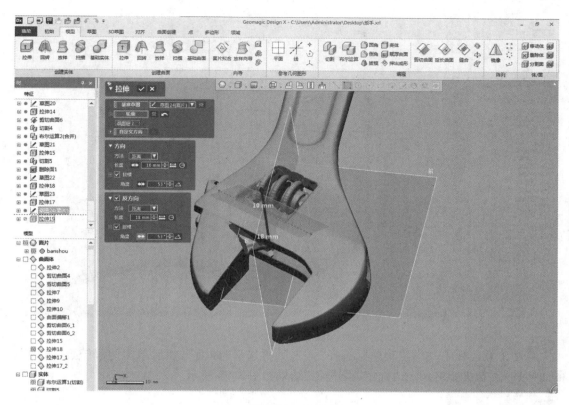

图 3.94　拉伸

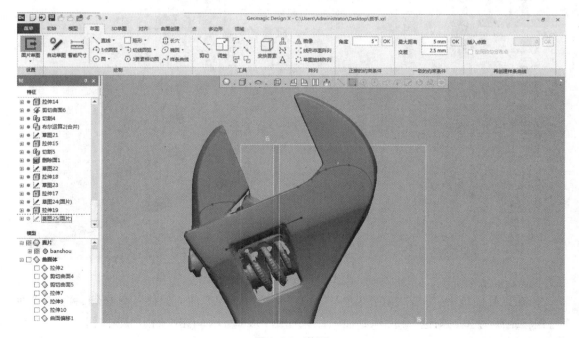

图 3.95　草图

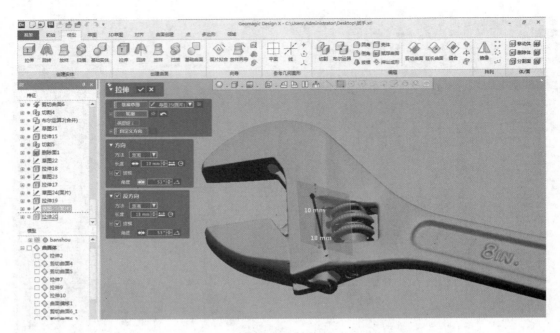

图 3.96 拉伸

㉟在工具面板中,单击"菜单",选择"插入",再选择"曲面",然后单击"反转法线方向",曲面体选择"拉伸 20",单击"确定" ✅ 按钮,结果如图 3.97 所示。

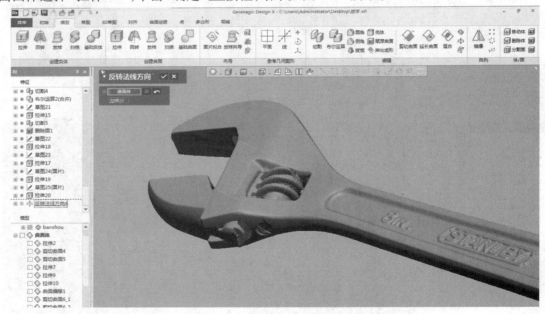

图 3.97 反转法线方向

㊱在工具面板中,单击"模型",进入"模型"工具栏,单击"曲面偏移" ◈ 按钮,面选择"面1",偏移距离为"0",勾选"删除原始面",结果如图 3.98 所示,单击"确定" ✅ 按钮。

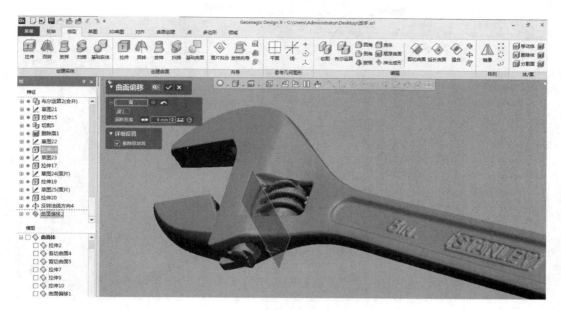

图 3.98　曲面偏移

㊼在工具面板中,单击"模型",进入"模型"工具栏,单击"剪切曲面" 🖌 按钮,"工具要素"选择"曲面偏移 2""拉伸 20""拉伸 19",单击"下一阶段" ➡ ,"残留体"选择如图 3.99 所示,单击"确定" ✅ 按钮。

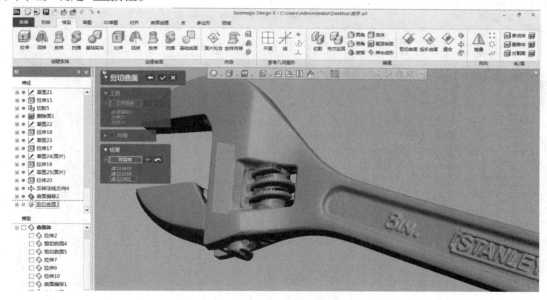

图 3.99　剪切曲面

㊽在工具面板中,单击"模型",进入"模型"工具栏,单击"延长曲面" ◆ 按钮,边/面选择"边线 1,边线 2",终止条件选择"距离"为"5.5",延长方法选择"同曲面",结果如图 3.100 所示,单击"确定" ✅ 按钮。

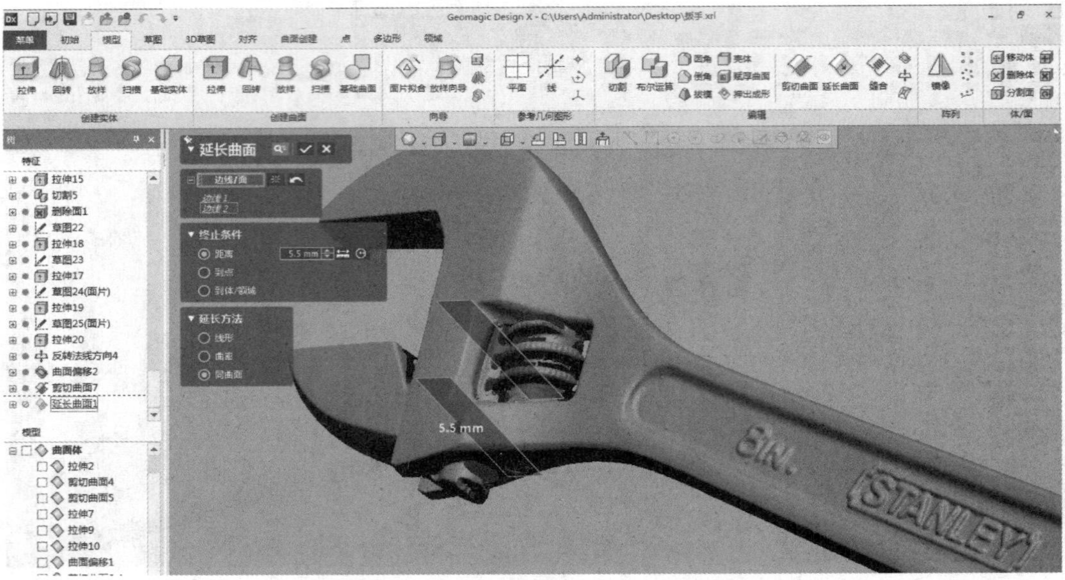

图 3.100　延长曲面

(59)在工具面板中,单击“模型”,进入“模型”工具栏,单击“剪切曲面”按钮,“工具要素”选择“拉伸 18”“剪切曲面 17”,单击“下一阶段”,“残留体”选择如图 3.101 所示,单击“确定”按钮。

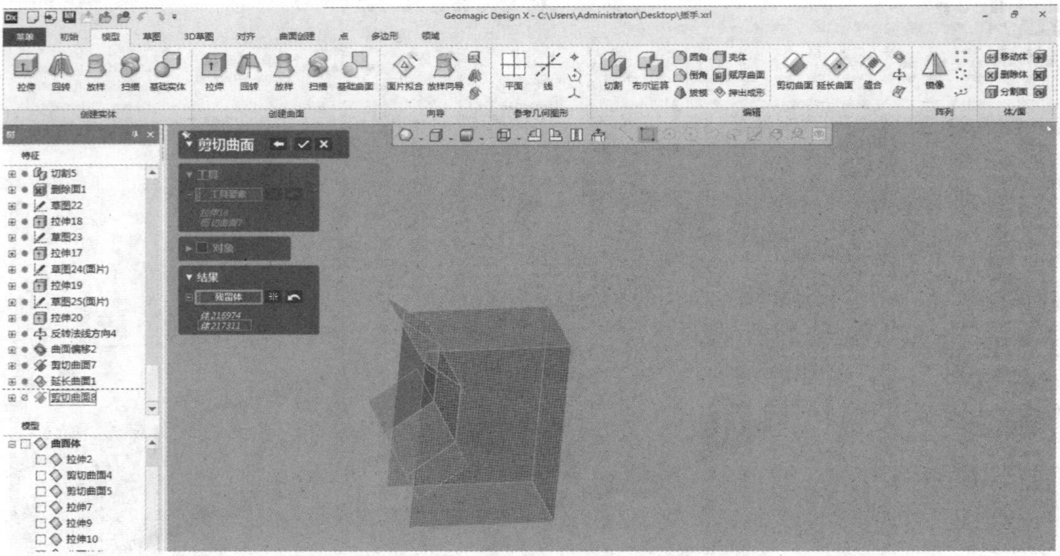

图 3.101　剪切曲面

(60)在工具面板中,单击“模型”,进入“模型”工具栏,单击“切割”按钮,工具要素选择“剪切曲面 8”,对象体选择“布尔运算 1(切割)”,单击“下一阶段”按钮,“残留体”,选择如图 3.102 所示,单击“确定”按钮。

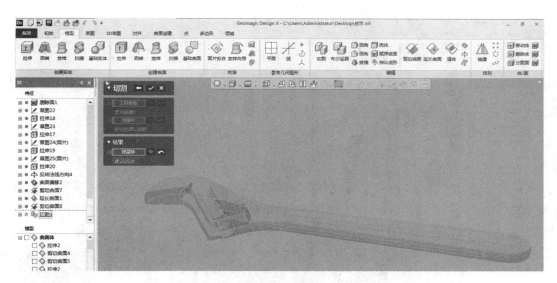

图 3.102　切割

㉛在工具面板中,单击"模型",进入"模型"工具栏,单击"倒角"按钮,要素选择"边线1",选择"角度和距离",距离为:"1.85",角度为:"30°",勾选"切线扩张",结果如图 3.103 所示,单击"确定"按钮。

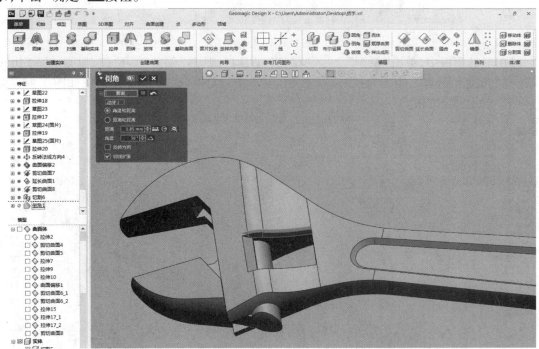

图 3.103　倒角

㉒在工具面板中,单击"模型",进入"模型"工具栏,单击"倒角"按钮,要素选择"边线1",选择"角度和距离",距离为:"1.8",角度为:"30°",勾选"切线扩张",结果如图 3.104 所示,单击"确定"按钮。

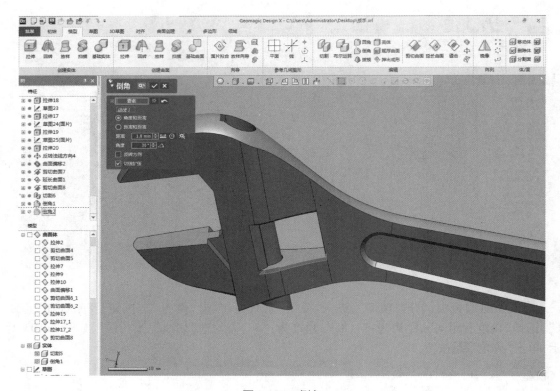

图 3.104　倒角

㉖在工具面板中,单击"模型",进入"模型"工具栏,单击"倒角" 按钮,要素选择"边线1",选择"角度和距离",距离为:"2.1",角度为:"30°",勾选"切线扩张",结果如图 3.105 所示,单击"确定" 按钮。

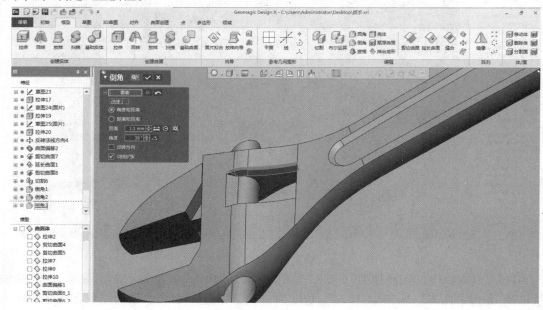

图 3.105　倒角

⑥在工具面板中，单击"模型"，进入"模型"工具栏，单击"倒角" 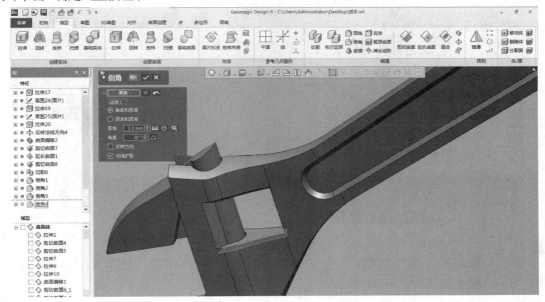按钮，要素选择"边线1"，选择"角度和距离"，距离为："2.1"，角度为："30°"，勾选"切线扩张"，结果如图 3.106 所示，单击"确定" 按钮。

图 3.106　倒角

⑥在工具面板中，单击"草图"，进入"草图"工具栏，单击"草图"，结果如图 3.107 所示，单击"退出" 按钮，退出"草图"模式。

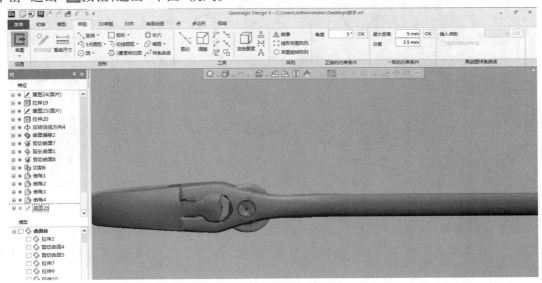

图 3.107　草图

⑥在工具面板中，单击"模型"，进入"模型"工具栏，单击"拉伸" 按钮，"轮廓"选择"草图 26"作为轮廓，"方法"选择"距离"，设置"长度"为"28.3"，结果运算勾选"切割"，结果如图3.108所示，单击"确定" 按钮。

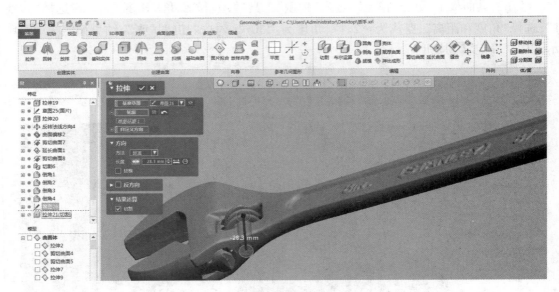

图 3.108　拉伸

⑥在工具面板中,单击"草图",进入"草图"工具栏,单击"草图",结果如图 3.109 所示,单击"退出"按钮,退出"草图"模式。

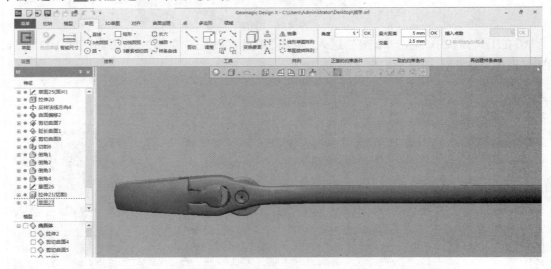

图 3.109　草图

⑥在工具面板中,单击"模型",进入"模型"工具栏,单击"拉伸"按钮,"轮廓"选择"草图 27"作为轮廓,"方法"选择"距离",设置"长度"为"27.6",结果如图 3.110 所示,单击"确定"按钮。

⑥在工具面板中,单击"草图",进入"草图"工具栏,单击"草图",结果如图 3.111 所示,单击"退出"按钮,退出"草图"模式。

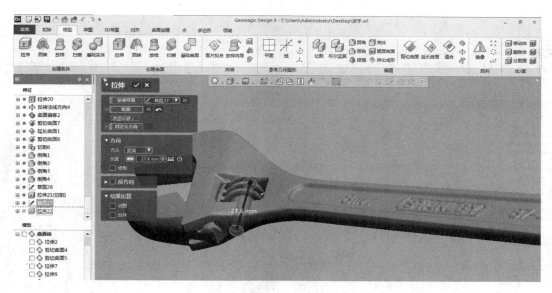

图 3.110 拉伸

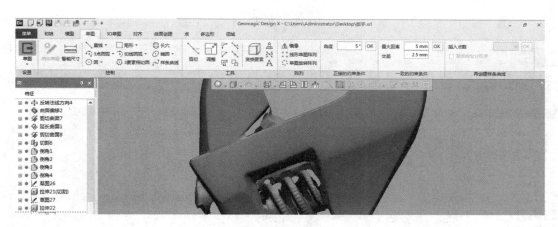

图 3.111 草图

⑦在工具面板中,单击"模型",进入"模型"工具栏,单击"拉伸" 🔲 按钮,"轮廓"选择
"草图 28"作为轮廓,"方法"选择"距离",设置"长度"为"5","反方向"设置"长度"为"5.5",
结果如图 3.112 所示,单击"确定" ✔ 按钮。

⑦在工具面板中,单击"模型",进入"模型"工具栏,单击"切割" 🔳 按钮,工具要素选择
"拉伸 23",对象体选择"拉伸 22",单击"下一阶段" ➡ 按钮,"残留体"选择如图 3.113 所示,
单击"确定" ✔ 按钮。

⑦在工具面板中,单击"草图",进入"草图"工具栏,单击"草图",结果如图 3.114 所示,
单击"退出" 🔙 按钮,退出"草图"模式。

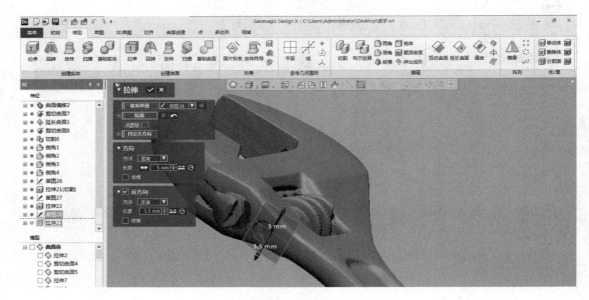

图 3.112 拉伸

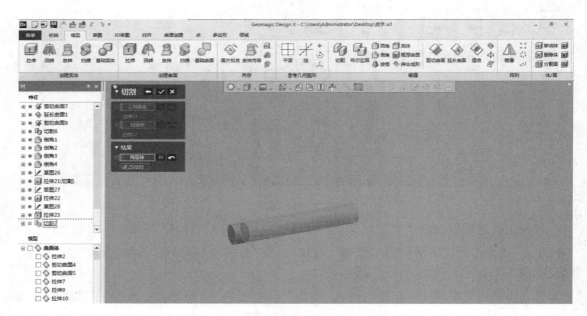

图 3.113 切割

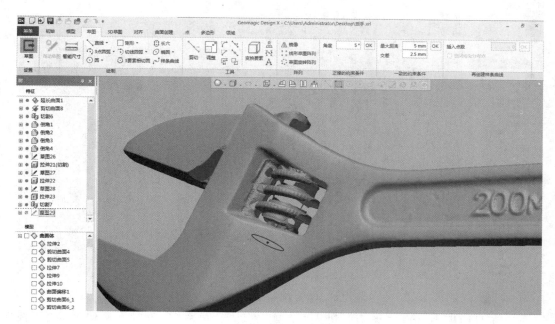

图 3.114 草图

⑦在工具面板中,单击"模型",进入"模型"工具栏,单击"拉伸" 按钮,"轮廓"选择"草图 29"作为轮廓,"方法"选择"距离",设置"长度"为"18.85",结果如图 3.115 所示,单击"确定" 按钮。

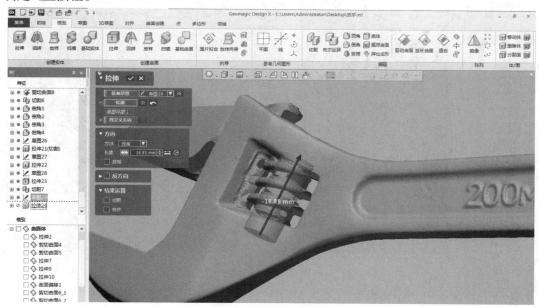

图 3.115 拉伸

⑦在工具面板中,单击"草图",进入"草图"工具栏,单击"草图",结果如图 3.116 所示,单击"退出" 按钮,退出"草图"模式。

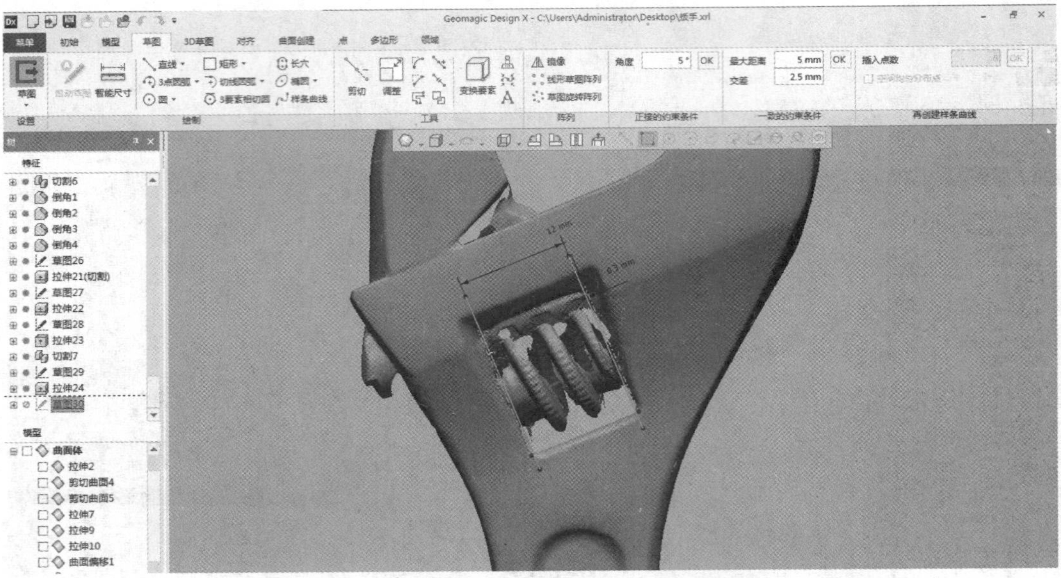

图 3.116　草图

⑮在工具面板中，单击“模型”，进入“模型”工具栏，单击“拉伸”按钮，“轮廓”选择“草图 29”作为轮廓，“方法”选择“距离”，设置“长度”为“18. 85”，反方向“方法”选择“距离”为“10. 75”，结果如图 3. 117 所示，单击“确定”按钮。

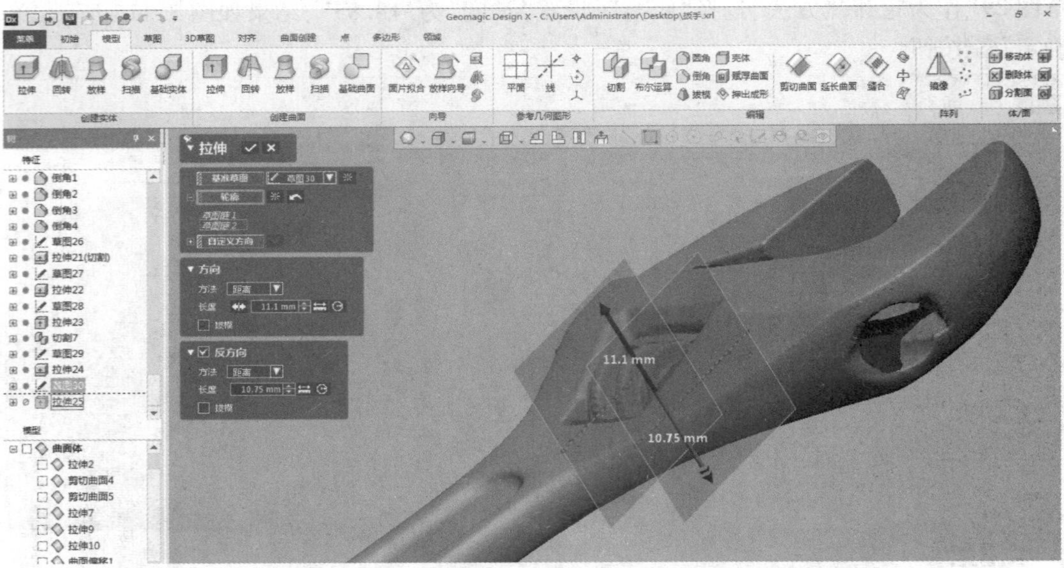

图 3.117　拉伸

⑯在工具面板中，单击“模型”，进入“模型”工具栏，单击“切割”按钮，工具要素选择“拉伸 25”，对象体选择“拉伸 24”，单击“下一阶段”按钮，“残留体”选择如图 3. 118 所示，单击“确定”按钮。

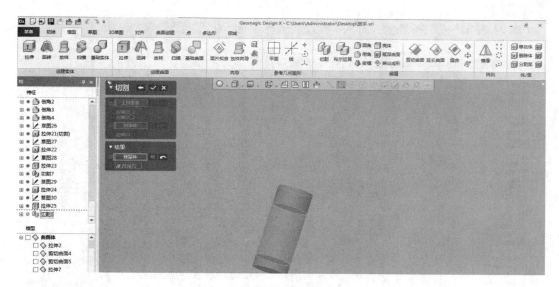

图 3.118　切割

⑦在工具面板中,单击"草图",进入"草图"工具栏,单击"草图",结果如图 3.119 所示,单击"退出" 按钮,退出"草图"模式。

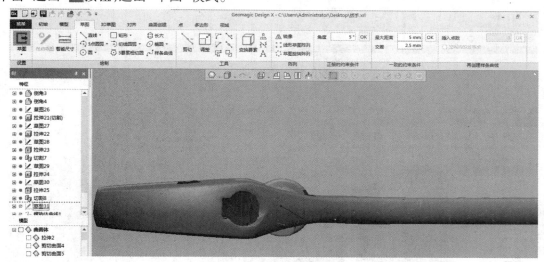

图 3.119　草图

⑧在工具面板中,单击"菜单",选择插入,再选择建模特征,单击"螺旋体曲线",创建结果如图 3.120 所示,单击"确定" 按钮。

⑩在工具面板中,单击"模型",进入"模型"工具栏,单击"拉伸" 按钮,"轮廓"选择"草图 31"作为轮廓,"方法"选择"距离",设置"长度"为"4.65",结果如图 3.121 所示,单击"确定" 按钮。

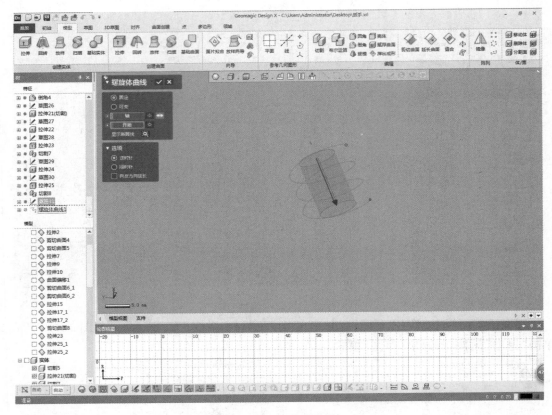

图 3.120　螺旋体曲线

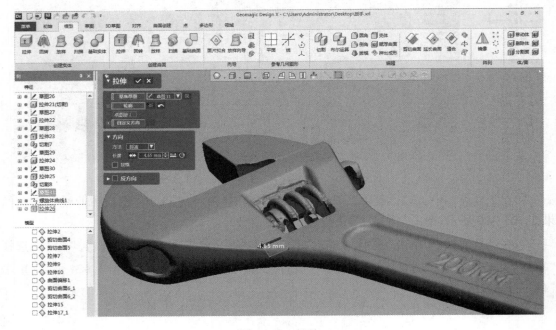

图 3.121　拉伸

⑧⓪ 在工具面板中，单击"草图"，进入"草图"工具栏，单击"草图"，结果如图 3.122 所示，单击"退出" 按钮，退出"草图"模式。

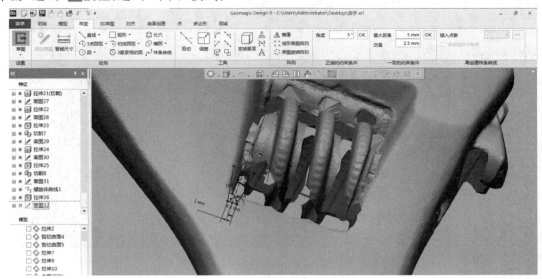

图 3.122　草图

⑧① 在工具面板中，单击"模型"，进入"模型"工具栏，单击"扫描" 🐚 按钮，"轮廓"选择"草图 32"，路径选择"边线 1"，方法选择"沿路径"，单击"确定" ☑ 按钮即可，结果如图 3.123 所示。

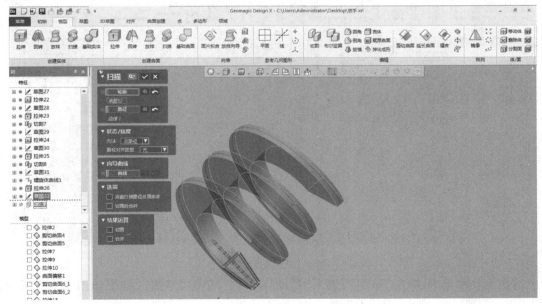

图 3.123　扫描

⑧② 在工具面板中，单击"模型"，进入"模型"工具栏，单击"切割" 🗂 按钮，工具要素选择"拉伸 25"，对象体选择"扫描 3"，单击"下一阶段" ➡ 按钮，"残留体"选择结果如图 3.124 所示，

单击"确定"☑️按钮。

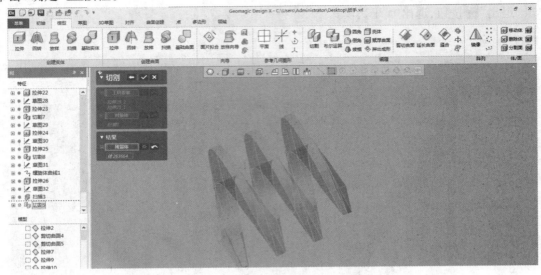

图 3.124　切割

⑧在工具面板中,单击"模型",进入"模型"工具栏,单击"布尔运算"⬜️按钮,操作方法选择"合并",工具要素选择"切割9""切割8",结果如图 3.125 所示,单击"确定"☑️按钮。

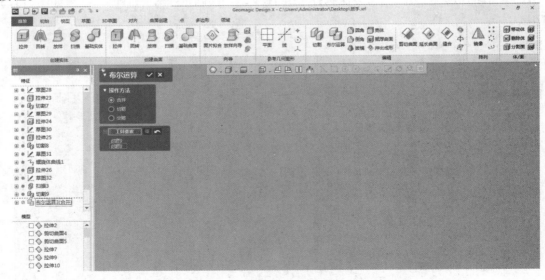

图 3.125　布尔运算

⑧在工具面板中,单击"草图",进入"草图"工具栏,单击"草图",结果如图 3.126 所示,单击"退出"🔲按钮,退出"草图"模式。

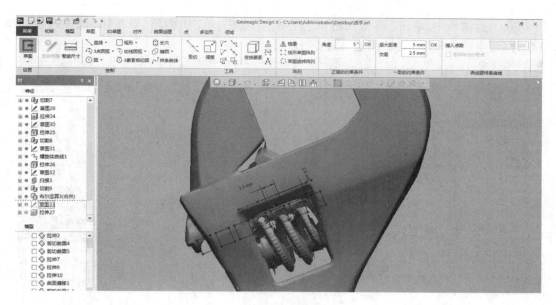

图 3.126　草图

㊻在工具面板中,单击"模型",进入"模型"工具栏,单击"拉伸" 按钮,"轮廓"选择"草图 33"作为轮廓,"方法"选择"距离",设置"长度"为"8.4","反方法"选择"距离",设置"长度"为"9",结果如图 3.127 所示,单击"确定" 按钮。

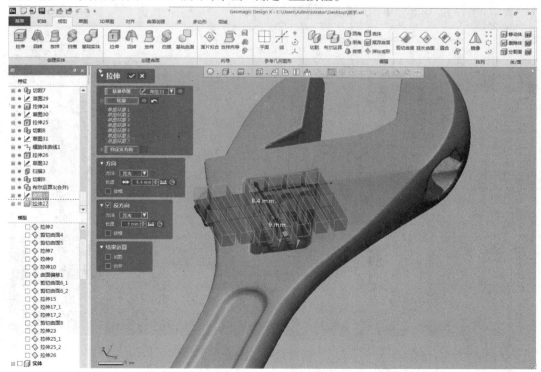

图 3.127　拉伸

㉖在工具面板中,单击"模型",进入"模型"工具栏,单击"圆角"⬛按钮,选择边线如图3.128所示,半径为"1",单击"确定"☑按钮即可。

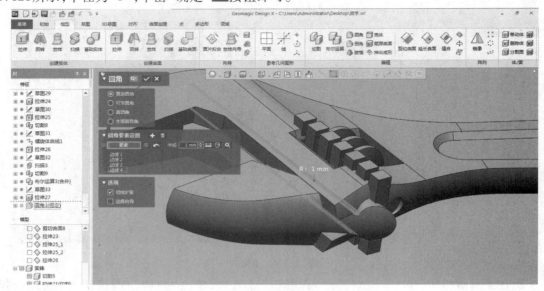

图3.128　圆角

㉗在工具面板中,单击"模型",进入"模型"工具栏,单击"圆角"⬛按钮,选择边线如图3.129所示,半径为"0.5",单击"确定"☑按钮即可。

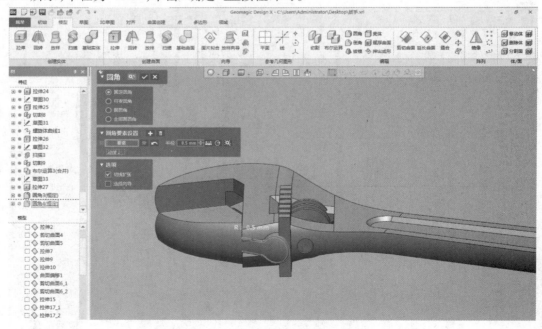

图3.129　圆角

㉘在工具面板中,单击"模型",进入"模型"工具栏,单击"布尔运算"⬛按钮,操作方法选择"切割",工具要素选择"拉伸27",对象体选择"圆角4",结果如图3.130所示,单击"确

定"✓按钮。

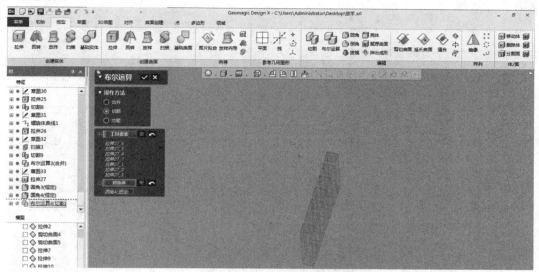

图 3.130 布尔运算

⑧在工具面板中,单击"模型",进入"模型"工具栏,单击"圆角" ⬜按钮,选择边线如图3.131所示,半径为"0.5",单击"确定"✓按钮即可。

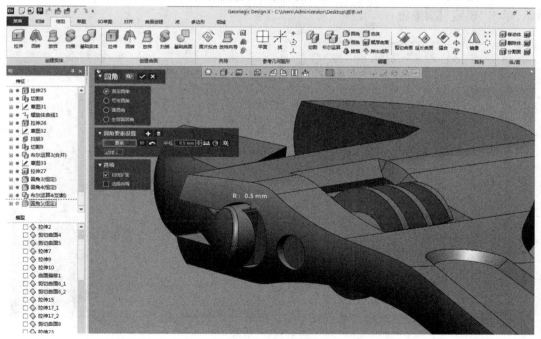

图 3.131 圆角

⑨在工具面板中,单击"模型",进入"模型"工具栏,单击"圆角" ⬜按钮,选择边线如图3.132所示,半径为"3",单击"确定"✓按钮即可。

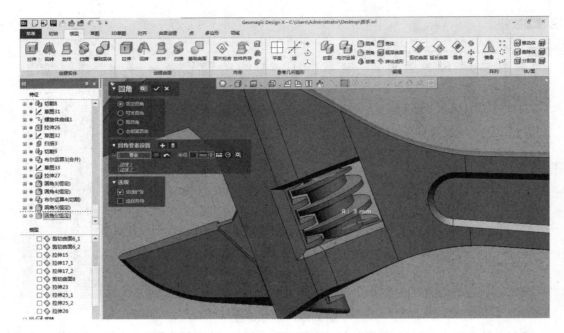

图 3.132　圆角

㉑在工具面板中,单击"模型",进入"模型"工具栏,单击"倒角"按钮,结果如图 3.133 所示,单击"确定"✔按钮。

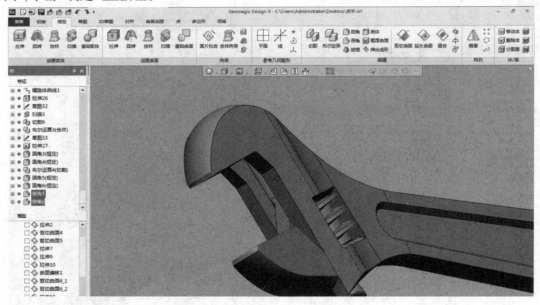

图 3.133　倒角

㉒在工具面板中,单击"模型",进入"模型"工具栏,单击"圆角"按钮,结果如图 3.134 所示,单击"确定"✔按钮即可。

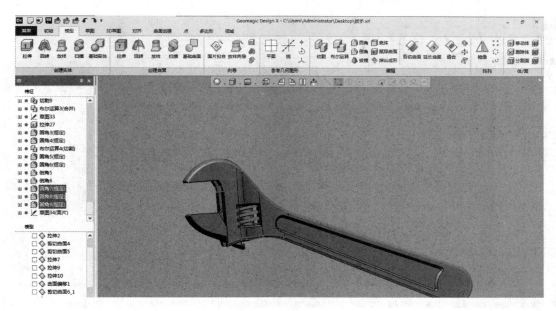

图 3.134 圆角

⑨③在工具面板中,单击"草图",进入"草图"工具栏,单击"面片草图" ✅,在"面片草图"的对话框中,进入"面片草图"模式,做出如图 3.135 所示的图,单击"退出" ➡ 按钮,退出"面片草图"模式。在工具面板中,单击"模型",进入"模型"工具栏,单击"拉伸" 🔳 按钮,结果如图 3.135 所示,单击"确定" ☑ 按钮。

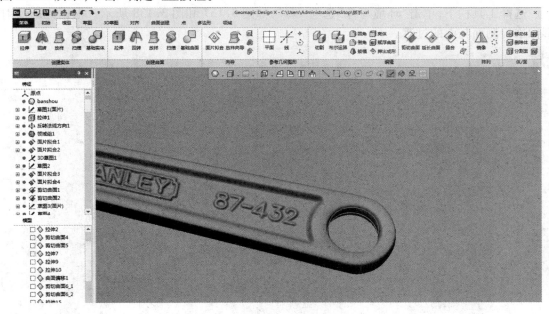

图 3.135 面片草图

⑨④完成建模,如图 3.136 所示。

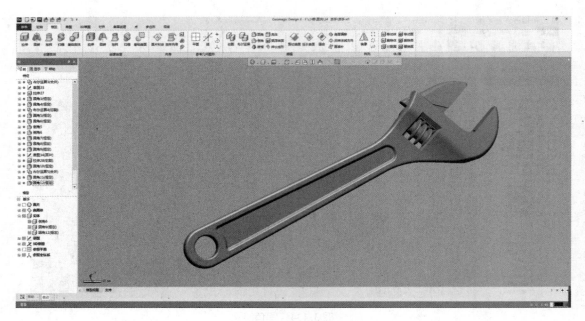

图 3.136　完成建模

任务 3.4　面过度检测分析

选择工具栏下,单击"环境写像"选项"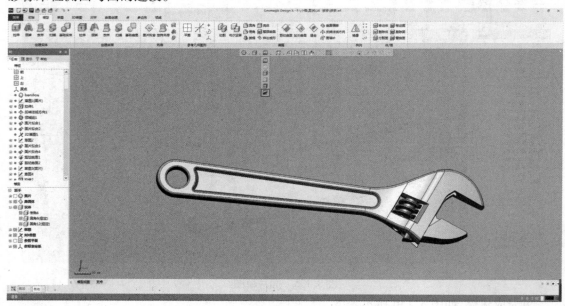",如图 3.137 和图 3.138 所示。根据光影反射影像来检测面与面的过渡。

图 3.137　面过度检测分析

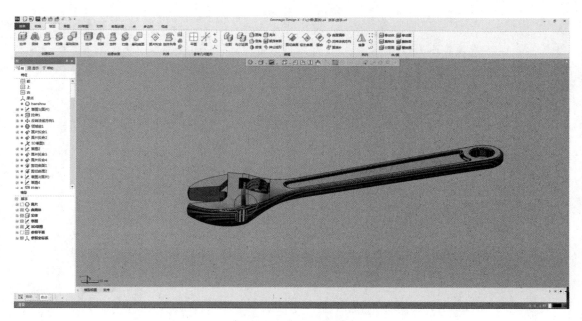

图 3.138　面过度检测分析

项目小结

　　通过完成本项目的学习,利用 Geomagic Design X 软件进行模型重构,让学习者对面片拟合、修剪、拉伸等命令的功能有进一步的理解,对各操作命令的实际运用有进一步的掌握。

课后思考

　　1. 坐标原点选择的原则是什么?

　　2. 误差分析时应着重观察那些特征?

　　3. 如何更好地匹配面片与面片的结合?

项目单卡

一、项目计划表

扳手案例初始化项目计划表见表3.1。

表 3.1 扳手案例初始化项目计划表

工序	工序内容
1	先检查_____软件是否能够正常打开。
2	分析坐标系是否(□对齐,□齐整,□合适,□美观)
3	Geomagic Design X 各模块是否正常,点、_____、_____、体模块是否正常。
4	扳手案例数据(□是□否)正常

二、展示数据初始化效果并进行评判(10 min):

以小组为单位,小组长根据以下讲话稿上台分享展示数据初始化效果,其他小组成员进行评判其初始化效果是否正确。

1. 学生展示讲话稿

(1)开场礼貌用语;

(2)展示学生的自我介绍;

(3)分享初始化效果及其步骤;

(4)分析自己处理操作的优缺点。

2. 学生自评

学生自评表见表 3.2。

表 3.2　初始化处理自评表

评价项目	评价要点	符合程度		备注
学习工具	电脑	□基本符合	□基本不符合	
	Design x 软件	□基本符合	□基本不符合	
	点云数据	□基本符合	□基本不符合	
	扳手原型	□基本符合	□基本不符合	
学习目标	符合扳手案例初始化要求	□基本符合	□基本不符合	
	在初始化中是否已经对齐坐标系	□基本符合	□基本不符合	
课堂 6S	整理（Seire）	□基本符合	□基本不符合	
	整顿（Seition）	□基本符合	□基本不符合	
	清扫（Seiso）	□基本符合	□基本不符合	
	清洁（Seiketsu）	□基本符合	□基本不符合	
	素养（Shitsuke）	□基本符合	□基本不符合	
	安全（Safety）	□基本符合	□基本不符合	
评价等级	A	B	C	D

项目 **4**

简易模具的反求工程

项目引入

模具(图4.1)是用来制作成型物品的工具,这种工具由各种零件构成,不同的模具由不同的零件构成。它主要通过所成型材料物理状态的改变来实现物品外形的加工,素有"工业之母"的称号。模具广泛用于冲裁、模锻、冷镦、挤压、粉末冶金件压制、压力铸造,以及工程塑料、橡胶、陶瓷等制品的压塑或注塑的成型加工中。模具一般包括动模和定模(凸模和凹模)两个部分,二者可分可合。模具生产的发展水平是机械制造水平的重要标志之一。

图4.1 工业模具之一

项目目标

知识目标

- 学会采用不同的方式去创建曲面。
- 学会对模型数据进行拆分。
- 学会快速做面。

能力目标

- 初步了解建模思路。
- 初步了解合理地拆分模型的方法。
- 了解各个命令的同与不同。

素质目标

- 具有严谨求实精神。
- 具有个人实践创新能力。
- 具备6S职业素养。

任务 4.1　数据初始化

简易模具案例建模坐标对齐

①在快速访问工具栏中，单击"导入" 按钮，弹出如图 4.2 所示的对话框，选择"简易模具"，单击"仅导入"按钮，导入三角面片，如图 4.2 所示。

图 4.2　导入

②点云导入后的界面，如图 4.3 所示。

图 4.3　导入

③单击快速工作栏中"领域"命令,在工具栏中选择"延长至近似部分" 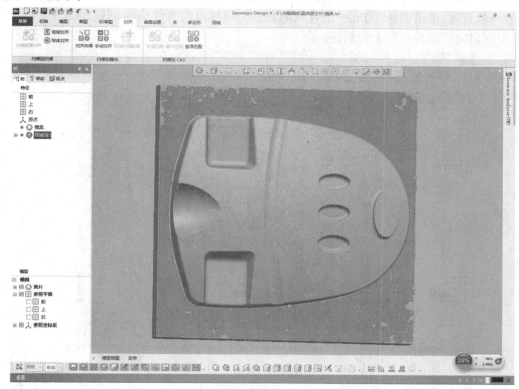 ,创建领域组,如图4.4所示。

图4.4　领域

④单击快速工作栏中"模型"命令,选择在工具栏中"面片拟合" 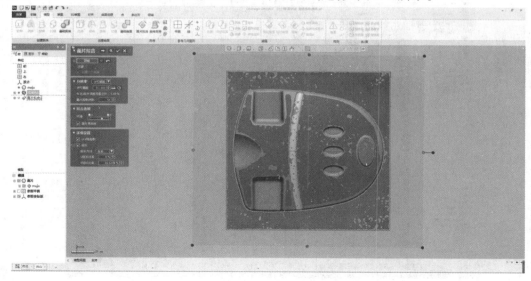 ,领域选择"领域1",分辨率选择"许可偏差",点击确认完成面片拟合1的创建,如图4.5所示。

图4.5　面片拟合

⑤单击快速工作栏中"草图"命令,在工具栏中选择"面片草图" ✐,勾选"平面投影",基准平面选择"面片拟合1",由基准面偏移的距离选择"10"。单击"直线"命令,选择图中所截出来的一条直线,单击确认,完成一条直线的创建。继续点击直线命令创建如图4.6所示草图,点击退出完成面片草图1的创建。

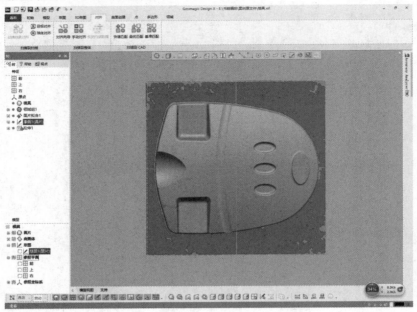

图4.6　草图

⑥单击快速工作栏中"模型"命令,在工具栏中选择"拉伸" ▣,选取面片草图1为轮廓,方法选择"距离"并在长度栏中输入"50",单击确认完成拉伸1,如图4.7所示。

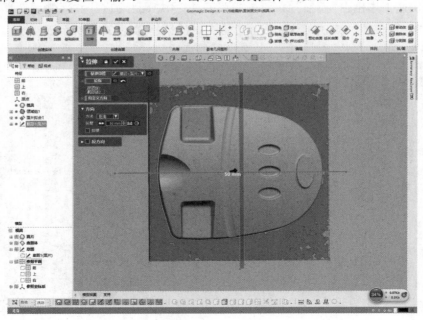

图4.7　拉伸

⑦单击快速工作栏中"对齐"命令，在工具栏中选择"手动对齐"，移动实体选择点云数据，点击下一步，移动选择"3-2-1"，平面选择"面片拟合1"，线选择"面1"，位置选择"面2"。如图4.8所示，单击确认，完成坐标对齐。

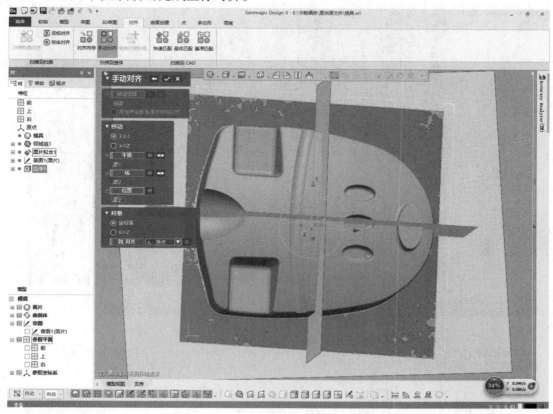

图4.8　手动对齐

任务4.2　构建模型主体

这一小节，我们再次熟悉面片拟合和分辨率的概念和参数选择。

面片拟合，选择一个领域，电脑自动计算生成一个曲面去贴合该领域。

分辨率选择中的：许可偏差是允许该曲面与数据之间的最大偏差；控制点数是在该领域上选取点构面。

构件模具的模型主体步骤如下：

①在工具面板中，单击"领域"，进入"领域"工具栏，单击"画笔选择模式"对模具的单个面进行涂画，涂画完成后单击"插入"完成领域，如图4.9所示，先将模具所有需要领域的面进行领域，结果如图4.10所示。

简易模具案
例建模主体
部分

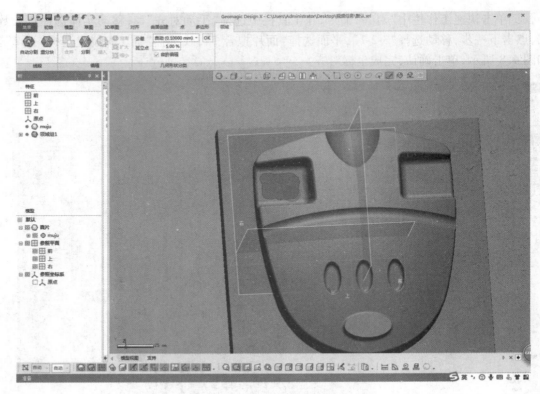

图 4.9　领域

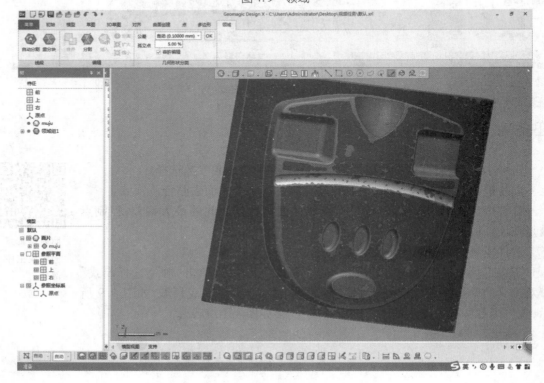

图 4.10　领域

②在工具面板中，单击"模型"，进入"模型"工具栏，单击"面片拟合"◈，结果如图4.11所示，在工具面板中，单击"草图"，进入"草图"工具栏，单击"面片草图"✍，在"面片草图"的对话框中，勾选"平面投影"复选框，"基准平面"选择"前"，设置"轮廓投影范围"为"70"，如图4.12所示，单击"确定"✔按钮，进入"面片草图"模式，结果如图4.13所示。

③单击"直线"✎按钮，勾选"拟合多段线"复选框，根据"断面多段线"对"工件主体轮廓"区域进行拟合，单击"确定"✔按钮，结果如图4.14所示，单击"退出"▣按钮，退出"面片草图"模式。

④在工具面板中，单击"模型"，进入"模型"工具栏，单击"拉伸"▣按钮，选择"草图1"作为轮廓，"方法"选择"距离"，设置"长度"为"17"，如图4.15所示，单击"确定"✔按钮。

⑤在工具面板中，单击"模型"，进入"模型"工具栏，单击"面片拟合"◈，结果如图4.16所示。

⑥在工具面板中，单击"草图"，进入"草图"工具栏，单击"面片草图"✍，在"面片草图"的对话框中，勾选中"平面投影"复选框，"基准平面"选择"前"，设置"轮廓投影范围"为"1"。单击"确定"✔按钮，进入"面片草图"模式，结果如图4.17所示。利用"直线"✎、"3点圆弧"◠、"圆角"◜命令，根据"断面多段线"对"工件主体轮廓"区域进行拟合及约束，结果如图4.18所示，单击"退出"▣按钮，退出"面片草图"模式。

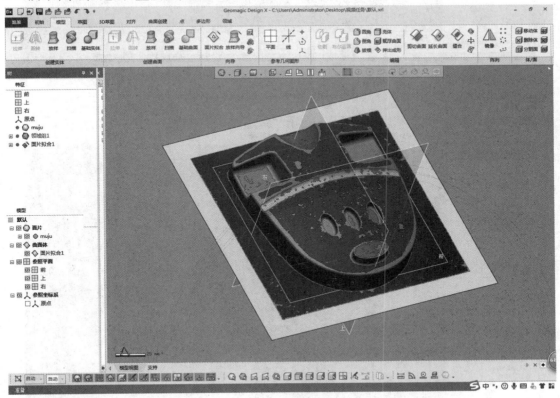

图4.11　面片拟合

图 4.12 基准平面

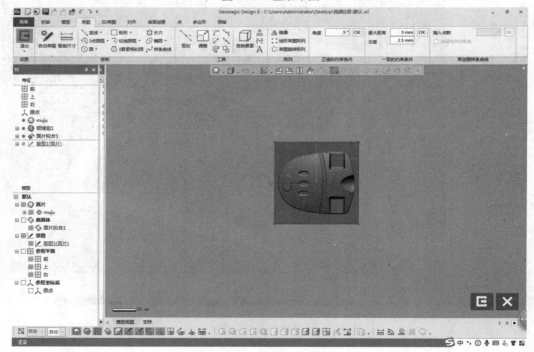

图 4.13 面片草图

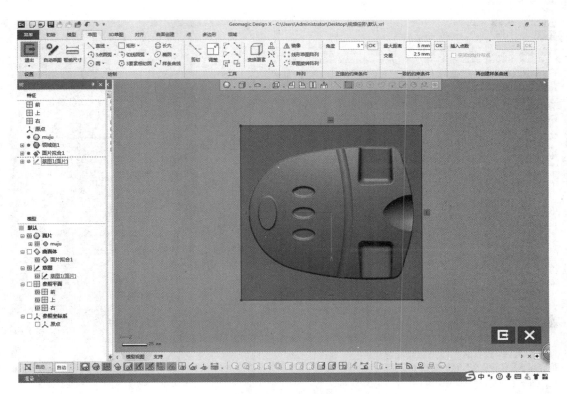

图 4.14　拟合多段线

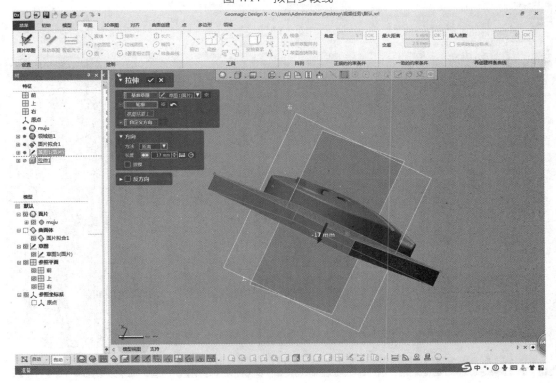

图 4.15　拉伸

图 4.16　面片拟合

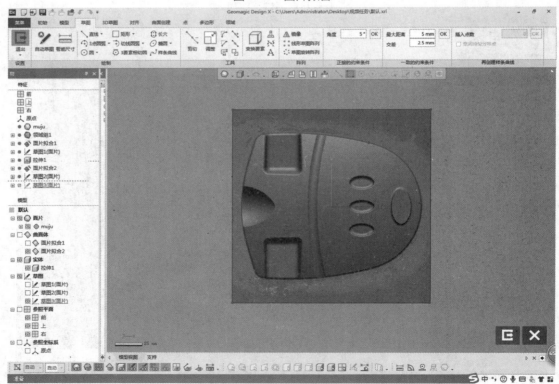

图 4.17　草图

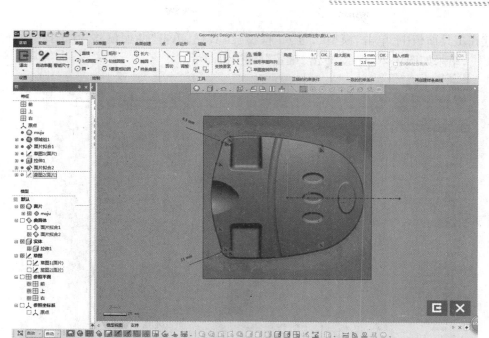

图 4.18　草图

⑦在工具面板中,单击"模型",进入"模型"工具栏,单击"拉伸"□按钮,"轮廓"选择"草图 2"中的"草图链 1","方法"设置为"距离","长度"设置为"68",结果如图 4.19 所示,单击"确定"☑按钮即可。

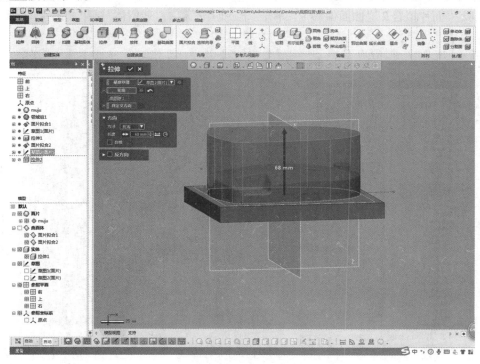

图 4.19　拉伸

⑧在工具面板中,单击"模型",进入"模型"工具栏,单击"曲面偏移" ◎ 选择"拉伸" ▦ 里的"面 1",结果如图 4.20 所示,单击"确定" ✓ 按钮即可。

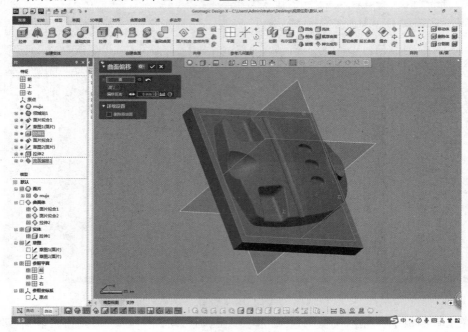

图 4.20　曲面偏移

⑨在工具面板中,单击"模型",进入"模型"工具栏,单击"剪切曲面" ◆ 按钮,"工具要素"选择"拉伸 2""面片拟合 2""曲面偏移 1",单击"下一阶段" ➡,"残留体"结果如图 4.21 所示。

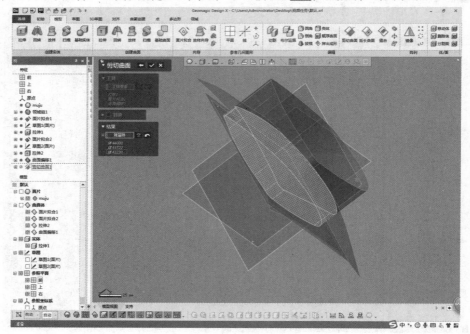

图 4.21　剪切曲面

任务4.3　构建模型细节

简易模具案
例建模细节
特征

①在工具面板中,单击"模型",进入"模型"工具栏,单击"圆角" 按钮,选择边线如图4.22所示,半径为"2.5",单击"确定" 按钮即可。

②在工具面板中,单击"模型",进入"模型"工具栏,单击"放样向导" 按钮,单击"确定" 按钮,结果如图4.23所示。

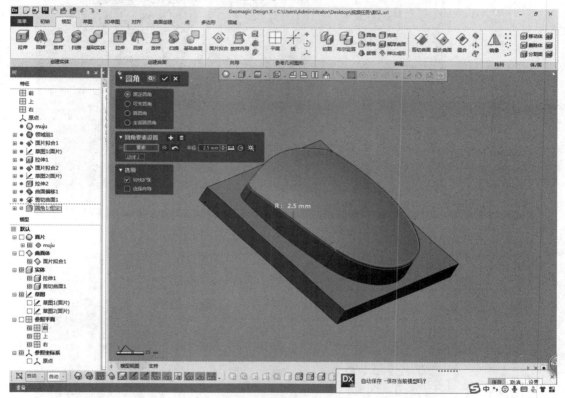

图4.22　圆角

③在工具面板中,单击"模型",进入"模型"工具栏,单击"延长曲面" 按钮,结果如图4.24所示,单击"确定" 按钮即可。

④在工具面板中,单击"模型",进入"模型"工具栏,单击"切割" 按钮,单击"确定" 按钮,结果如图4.25所示。

⑤在工具面板中,单击"模型",进入"模型"工具栏,单击"基础实体" 按钮,选择如图4.26所示,单击"确定" 按钮。

⑥在工具面板中,单击"模型",进入"模型"工具栏,单击"布尔运算" ,选择"切割",如图4.27所示,单击"确定" 即可。

⑦在工具面板中,单击"模型",进入"模型"工具栏,单击"面片拟合" 按钮,结果如图4.28所示,单击"确定" 按钮即可。

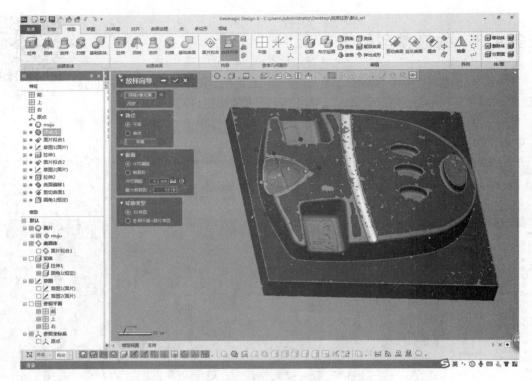

图 4.23　放样向导

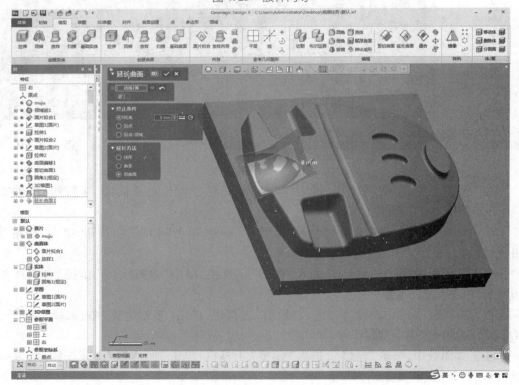

图 4.24　延长曲面

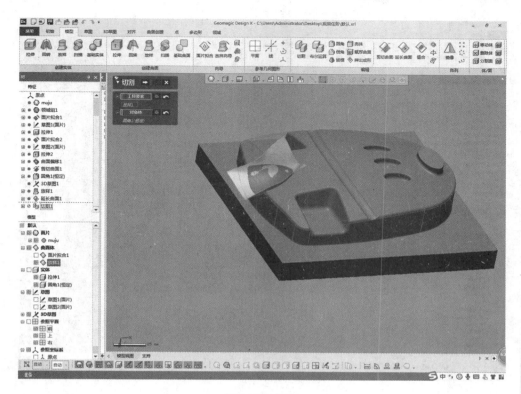

图 4.25　切割

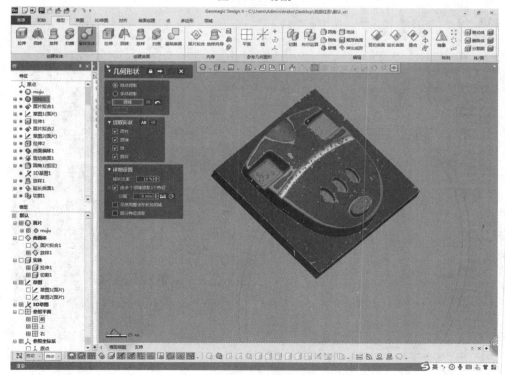

图 4.26　基础实体

119

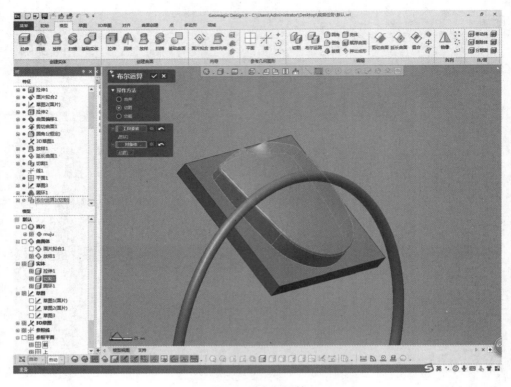

图 4.27 布尔运算

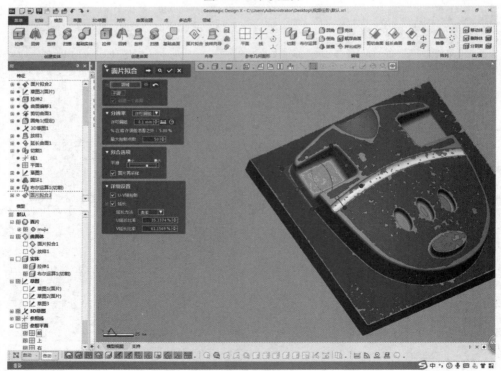

图 4.28 面片拟合

⑧在工具面板中,单击"模型",进入"模型"工具栏,单击"面片拟合" ◇ 按钮,结果如图4.29所示,单击"确定" ✓ 按钮即可。

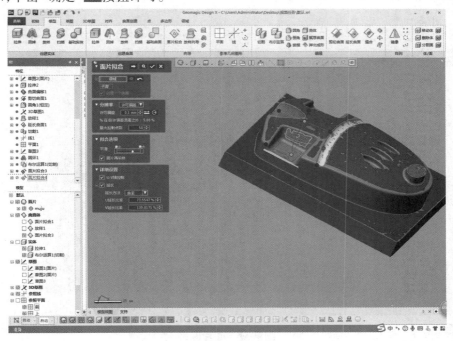

图 4.29　面片拟合

⑨在工具面板中,单击"模型",进入"模型"工具栏,单击"面片拟合" ◇ 按钮,结果如图4.30所示,单击"确定" ✓ 按钮即可。

图 4.30　面片拟合

⑩在工具面板中,单击"模型",进入"模型"工具栏,单击"面片拟合" 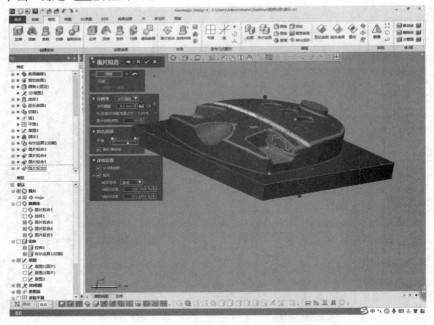 按钮,结果如图4.31所示,单击"确定" ✓ 按钮即可。

图4.31　面片拟合

⑪在工具面板中,单击"模型",进入"模型"工具栏,单击"剪切曲面" ◈ 按钮,"工具要素"选择前4步的4个"面片拟合",单击"下一阶段" ➡ ,"残留体"选择如图4.32所示,结果如图4.33所示。

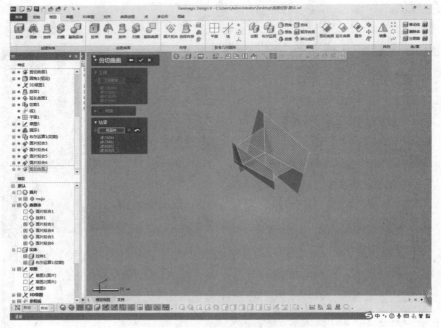

图4.32　剪切曲面

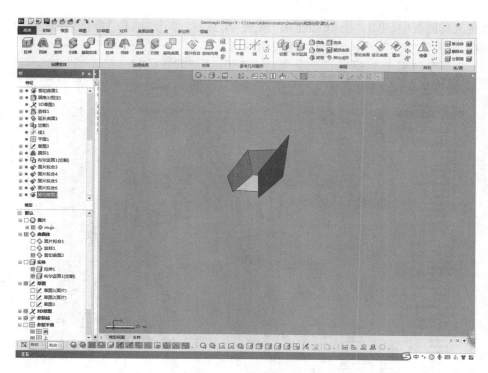

图 4.33　剪切曲面

⑫在工具面板中，单击"模型"，进入"模型"工具栏，单击"圆角" 🔘 按钮，选择边线如图4.34所示，半径为"4.5"，单击"确定" ✅ 按钮即可。

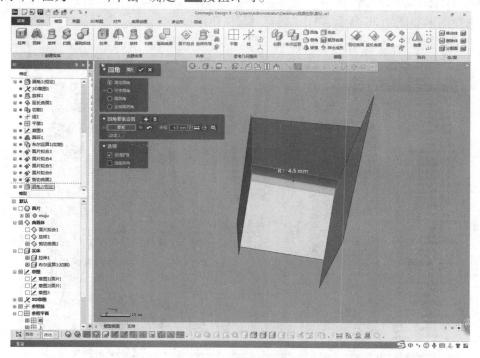

图 4.34　圆角

⑬在工具面板中,单击"模型",进入"模型"工具栏,单击"圆角" 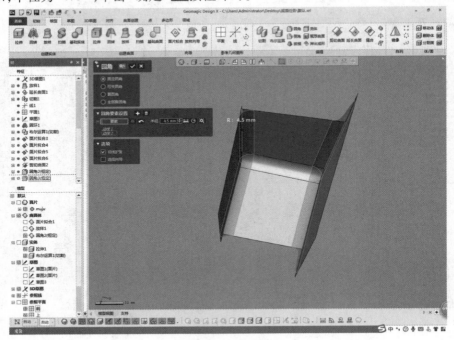 按钮,选择边线如图4.35所示,半径为"4.5",单击"确定" ✅ 按钮即可。

图 4.35　圆角

⑭在工具面板中,单击"模型",进入"模型"工具栏,单击"镜像" ⚠ 按钮,"对称平面"选"上",选择图形如图4.36所示,单击"确定" ✅ 按钮即可。

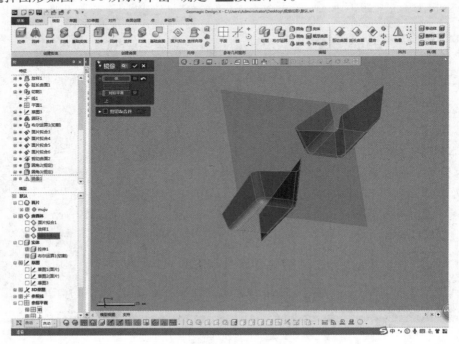

图 4.36　镜像

⑮在工具面板中,单击"模型",进入"模型"工具栏,单击"切割"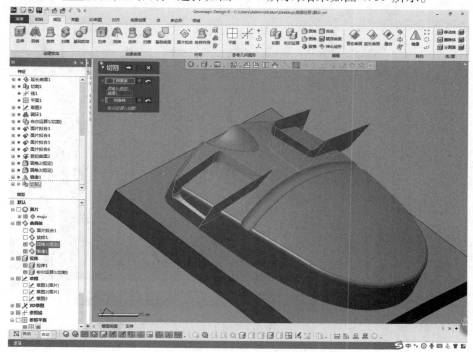按钮,如图4.37所示,单击"下一阶段"➡️按钮,"残留体"选择如图4.38所示,结果如图4.39所示。

图4.37　切割

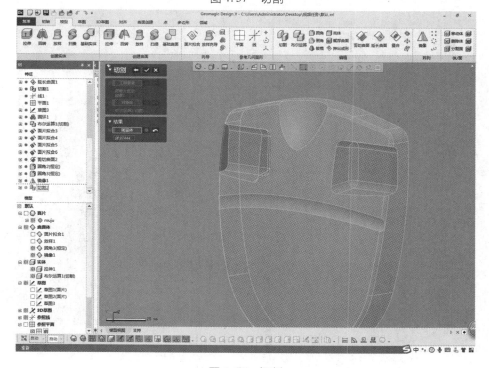

图4.38　切割

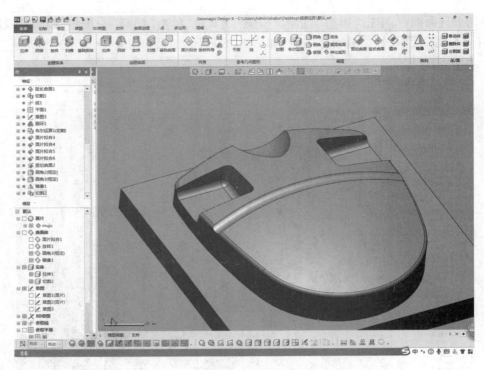

图 4.39 切割

⑯在工具面板中,单击"模型",进入"模型"工具栏,单击"面片拟合"◇按钮,选择如图 4.40所示,单击"确定"✓按钮即可。

图 4.40 面片拟合

⑰在工具面板中,单击"草图",进入"草图"工具栏,单击"面片草图" ✎,在"面片草图"的对话框中,勾选"平面投影"复选框,"基准平面"选择"前",设置"轮廓投影范围"为"63",如图 4.41 所示,单击"确定" ✔ 按钮,进入"面片草图"模式,如图 4.42 所示。利用"3 点圆弧" ⟳、"圆角" ⌐ 命令,对"工件轮廓"区域进行拟合及约束,结果如图 4.43 所示,单击"退出" ↩ 按钮,退出"面片草图"模式。

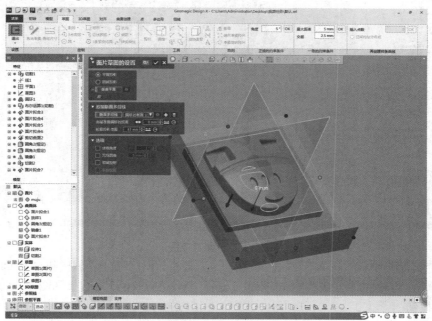

图 4.41　面片草图

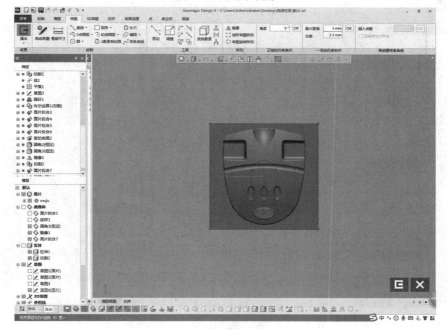

图 4.42　面片草图

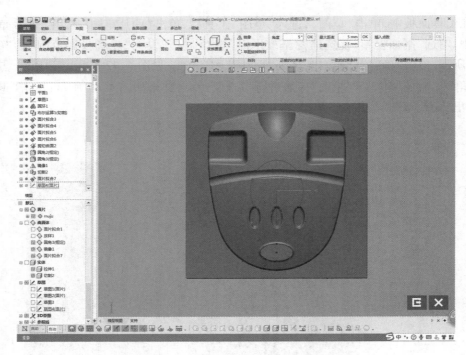

图4.43　面片草图

⑱在工具面板中，单击"模型"，进入"模型"工具栏，单击"拉伸"🔲按钮，"轮廓"选择"草图4(面片)"作为轮廓，"方法"选择"距离"，设置"长度"为"16.5"，结果如图4.44所示，单击"确定"✅按钮。

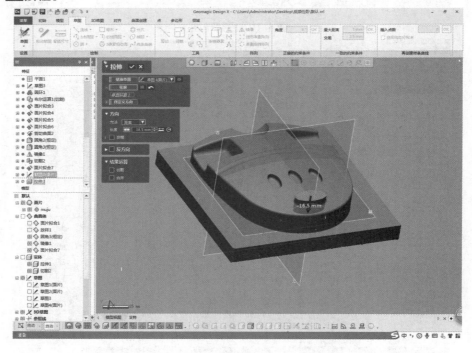

图4.44　拉伸

⑲在工具面板中,单击"模型",进入"模型"工具栏,单击"面片拟合" 按钮,选择如图4.45所示,单击"确定" 按钮即可。

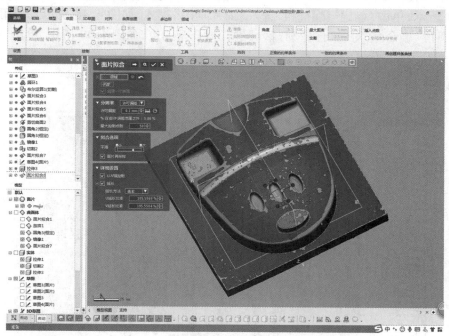

图4.45　面片拟合

⑳在工具面板中,单击"模型",进入"模型"工具栏,单击"面片拟合" 按钮,选择如图4.46所示,单击"确定" 按钮即可。

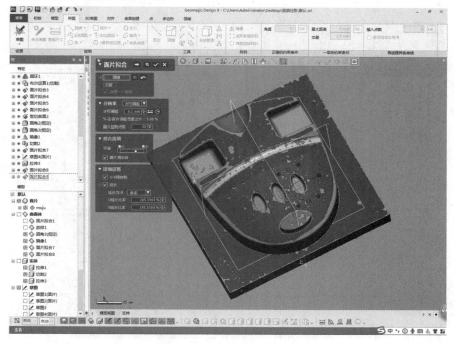

图4.46　面片拟合

㉑在工具面板中，单击 ▣ "草图"，进入"草图"工具栏，单击"面片草图" ✐，在"面片草图"的对话框中，勾选"平面投影"复选框，"基准平面"选择"前"，设置"轮廓投影范围"为"56"，如图 4.47 所示，单击"确定" ✓ 按钮，进入"面片草图"模式，如图 4.48 所示。利用"3 点圆弧" ♈、"圆角" ⌐ 命令，对"工件轮廓"区域进行拟合及约束，如图 4.49 所示，单击"退出"按钮，退出"面片草图"模式。

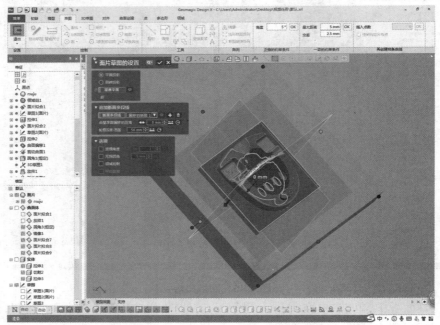

图 4.47　面片草图

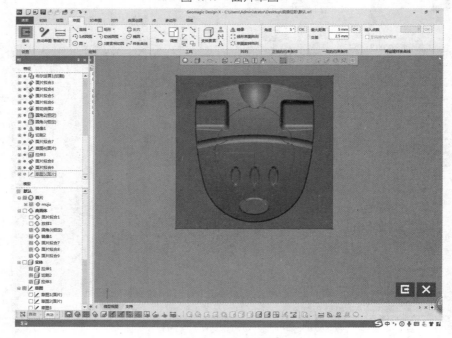

图 4.48　面片草图

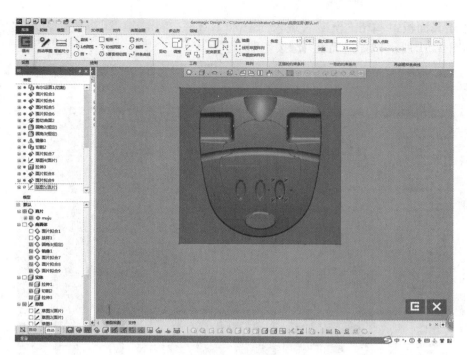

图 4.49　面片草图

㉒在工具面板中，单击"模型"，进入"模型"工具栏，单击"拉伸" 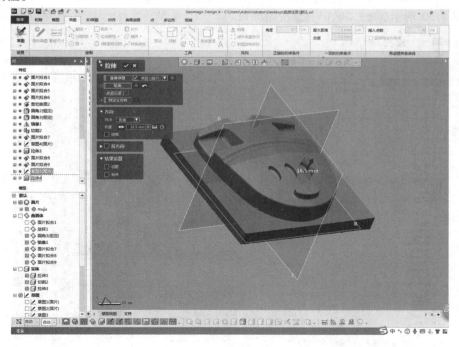 按钮，"轮廓"选择"草图 5（面片）"作为轮廓，"方法"选择"距离"，设置"长度"为"16.5"，如图 4.50 所示，单击"确定" 按钮。

图 4.50　拉伸

㉓在工具面板中,单击"模型",进入"模型"工具栏,单击"镜像"⚠按钮,"对称平面"选"上",如图 4.51 所示,单击"确定"✔按钮即可。

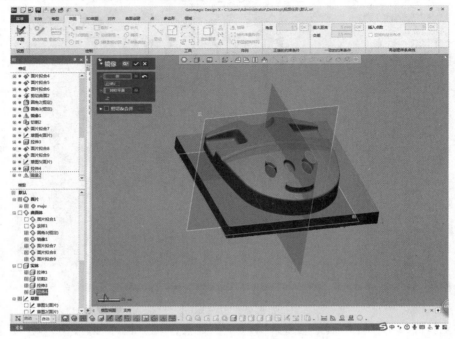

图 4.51　镜像

㉔在工具面板中,单击"模型",进入"模型"工具栏,单击"布尔运算"🔲按钮,选择"切割",如图 4.52 所示,单击"确定"✔按钮即可。

图 4.52　布尔运算

㉕在工具面板中，单击"草图"，进入"草图"工具栏，单击"面片草图"，在"面片草图"的对话框中，勾选"平面投影"复选框，"基准平面"选择"前"，设置"轮廓投影范围"为"56"，如图 4.53 所示，单击"确定"按钮，进入"面片草图"模式，如图 4.54 所示。利用"3 点圆弧"、"圆角"命令，对"工件轮廓"区域进行拟合及约束，如图 4.55 所示，单击"退出"按钮，退出"面片草图"模式。

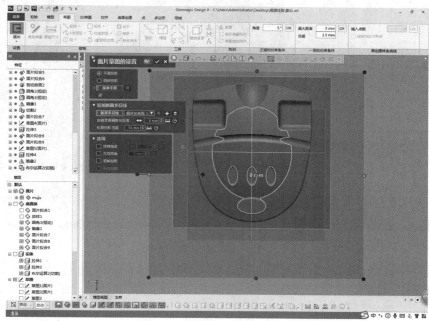

图 4.53　面片草图

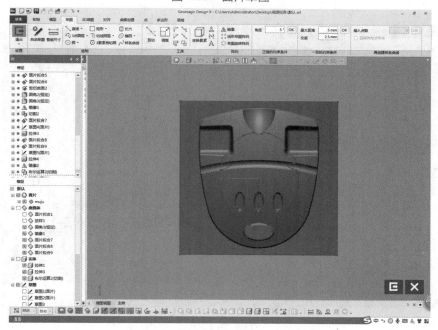

图 4.54　面片草图

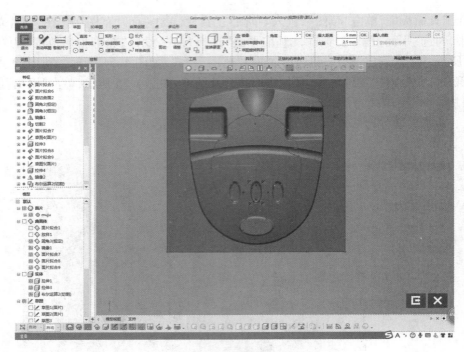

图 4.55 面片草图

㉖在工具面板中,单击"模型",进入"模型"工具栏,单击"拉伸"按钮,"轮廓"选择"草图 6(面片)"作为轮廓,"方法"选择"距离",设置"长度"为"16.5",选择"结果运算",如图 4.56所示,单击"确定"按钮。

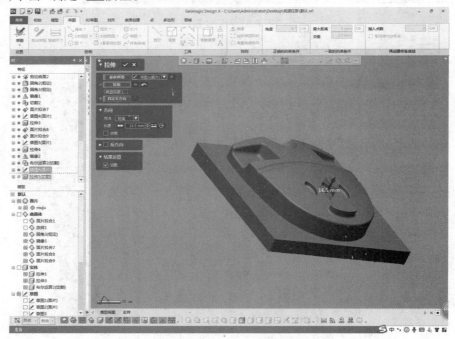

图 4.56 拉伸

㉗在工具面板中,单击"模型",进入"模型"工具栏,单击"圆角" 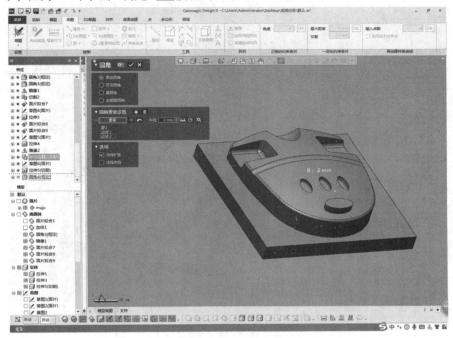 按钮,选择边线,如图4.57所示,半径为"2",单击"确定" ✔ 按钮即可。

图4.57　圆角

㉘在工具面板中,单击"模型",进入"模型"工具栏,单击"圆角" 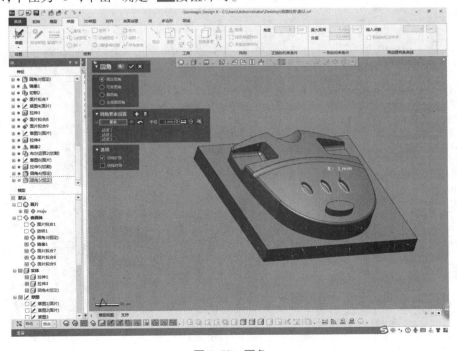 按钮,选择边线,如图4.58所示,半径为"1",单击"确定" ✔ 按钮即可。

图4.58　圆角

㉙在工具面板中,单击"模型",进入"模型"工具栏,单击"圆角" 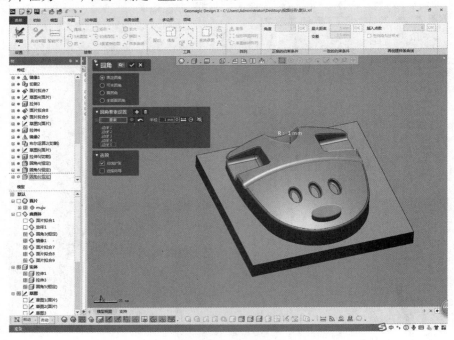 按钮,选择边线,如图4.59所示,半径为"1",单击"确定" ✅ 按钮即可。

图4.59　圆角

㉚在工具面板中,单击"模型",进入"模型"工具栏,单击"布尔运算" 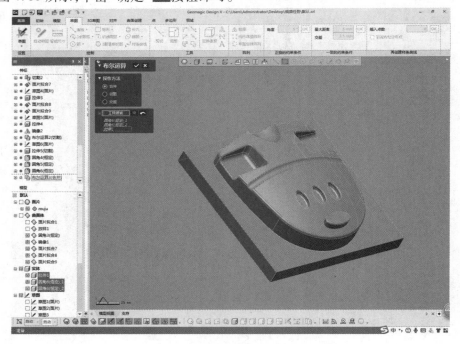 按钮,选择"合并",如图4.60所示,单击"确定" ✅ 按钮即可。

图4.60　布尔运算

㉛在工具面板中,单击"模型",进入"模型"工具栏,单击"圆角" 🔘 按钮,选择边线,如图4.61所示,半径为"2",单击"确定" ✅ 按钮即可。

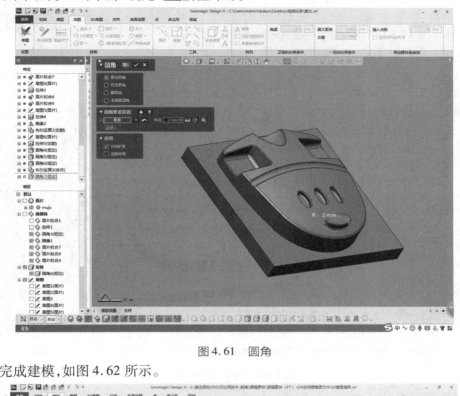

图4.61　圆角

㉜完成建模,如图4.62所示。

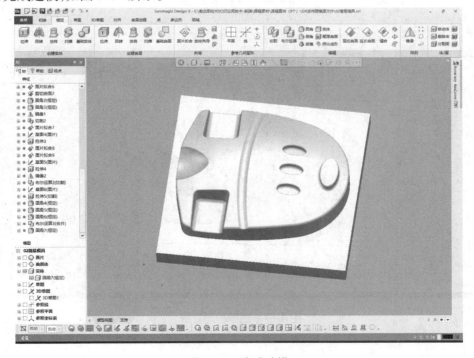

图4.62　完成建模

任务 4.4　曲率检测分析

①选择工具栏下，单击"曲率" 选项，如图 4.63 所示。

②根据右边色谱来检测分析曲率变化，如图 4.64 所示。

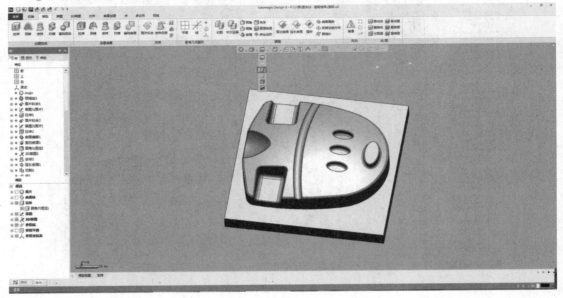

图 4.63　曲率检测分析

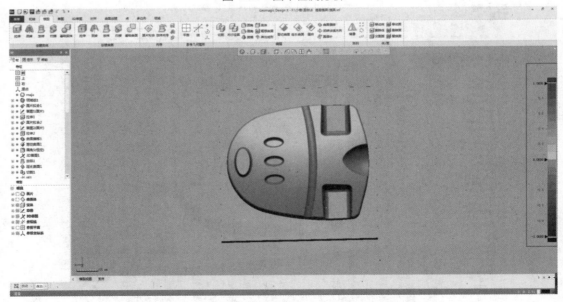

图 4.64　曲率检测分析

项目小结

通过完成本项目的学习,利用 Geomagic Design X 软件进行模型重构,让学习者加深对面片基础实体、切割等命令功能的理解,对各操作命令的实际运用有了进一步的掌握。

课后思考

1. 正逆向命令有什么优缺点?
2. 如何创建更平滑的曲面?
3. 还能用什么命令创建这个模具的上表面?

项目单卡

一、项目计划表

简易模具案例初始化项目计划表见表4.1。

表4.1　简易模具案例初始化项目计划表

工序	工序内容
1	先检查_____软件是否能够正常打开。
2	分析坐标系是否(□对齐,□齐整,□合适,□美观)
3	GeomagicDesignX 各模块是否正常,点、_____、_____、体模块是否正常。
4	简易模具案例数据(□是□否)正常

二、展示数据初始化效果并进行评判(10 min):

以小组为单位,小组长根据以下讲话稿上台分享展示数据初始化效果,其他小组成员进行评判其初始化效果是否正确。

1.学生展示讲话稿

(1)开场礼貌用语;

(2)展示学生的自我介绍;

(3)分享初始化效果及其步骤;

(4)分析自己处理操作的优缺点。

2. 学生自评

学生自评表见表4.2。

表4.2　初始化处理自评表

评价项目	评价要点	符合程度		备注
学习目标	电脑	□基本符合	□基本不符合	
	Design x 软件	□基本符合	□基本不符合	
	点云数据	□基本符合	□基本不符合	
	简易模具原型	□基本符合	□基本不符合	
学习目标	符合简易模具案例初始化要求	□基本符合	□基本不符合	
	在初始化中是否已经对齐坐标系	□基本符合	□基本不符合	
课堂6S	整理（Seire）	□基本符合	□基本不符合	
	整顿（Seition）	□基本符合	□基本不符合	
	清扫（Seiso）	□基本符合	□基本不符合	
	清洁（Seiketsu）	□基本符合	□基本不符合	
	素养（Shitsuke）	□基本符合	□基本不符合	
	安全（Safety）	□基本符合	□基本不符合	
评价等级	A	B	C	D

项目 5

汽车门把手的反求工程

项目引入

车门把手是供开启或关闭车门时使用,车门外开把手结构,包括车门外板、把手、把手端盖(图5.1)以及设于车门外板内侧的支架,车门外板上设有第一通孔和第二通孔,把手的根部穿过第一通孔与支架铰接,把手的端部设有卡钩,卡钩穿过第二通孔与支架相连,把手端盖穿过第二通孔同支架相连。

图5.1　车门把手

项目目标

知识目标

- 学会调节曲面。
- 学会接面。
- 学会分析面的合理性。

能力目标

- 掌握一定的建模思路。
- 掌握合理拆分模型的方法。
- 了解各个命令的优劣势。

素质目标
- 具有严谨求实精神。
- 具有个人实践创新能力。
- 具备 6S 职业素养。

任务 5.1 数据初始化

①在快速访问工具栏中,单击"导入" 按钮,弹出如图 5.2 所示的对话框,选择"汽车门把手",单击"仅导入"按钮,导入三角面片,结果如图 5.3 所示。

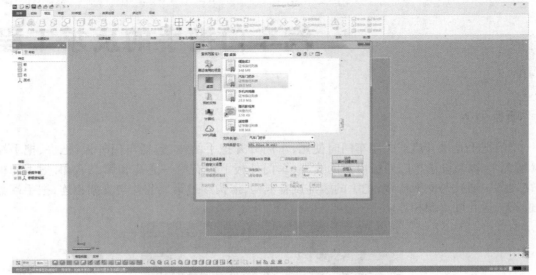

图 5.2　导入

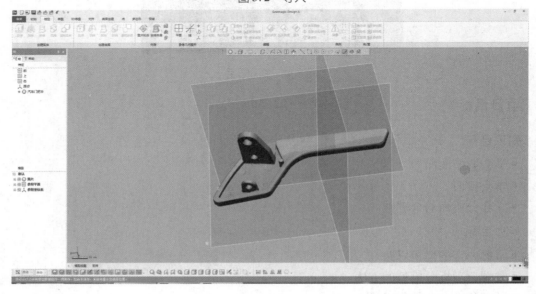

图 5.3　导入

②在工具面板中,单击"领域",进入"领域"工具栏,单击"画笔选择模式" 按钮,对模具的单个面进行涂画,涂画完成后单击插入 完成领域,先将汽车门把手所有需要领域的面进行领域,结果如图 5.4 所示。

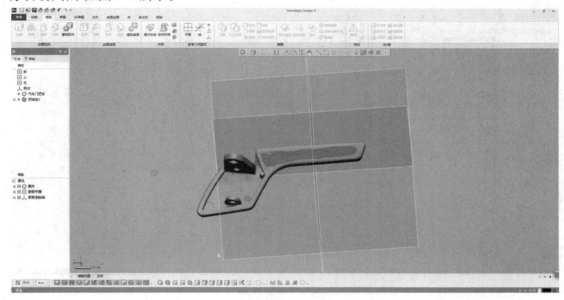

图 5.4　领域

③在工具面板中,单击"模型",进入"模型"工具栏,单击"面片拟合" 按钮,选择如图5.5所示,单击"确定" 按钮即可。

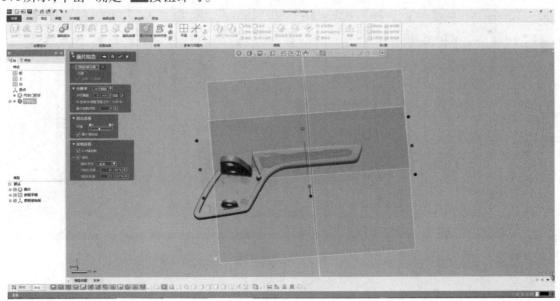

图 5.5　面片拟合

④在工具面板中,单击"草图",进入"草图"工具栏,单击"面片草图" ,在"面片草图"的对话框中,勾选中"平面投影"复选框,"基准平面"选择"前",设置"轮廓投影范围"为"62",

如图5.6所示,单击"确定" 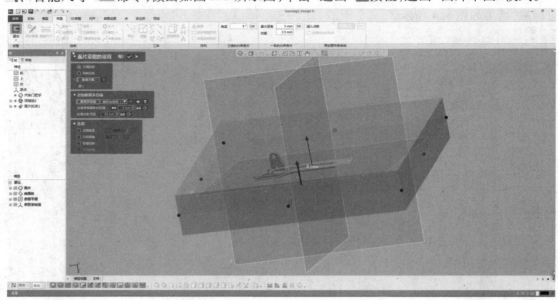 按钮,进入"面片草图"模式,结果如图5.7所示。利用"直线"
、"智能尺寸" 命令,做出如图5.8所示图,单击"退出" 按钮,退出"面片草图"模式。

图 5.6 面片草图

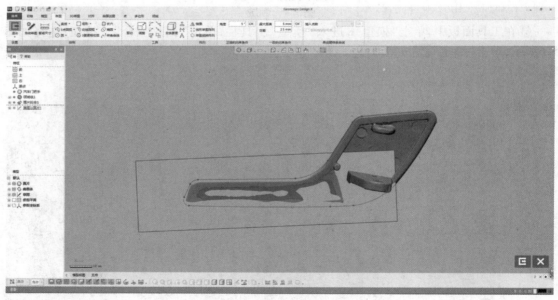

图 5.7 面片草图

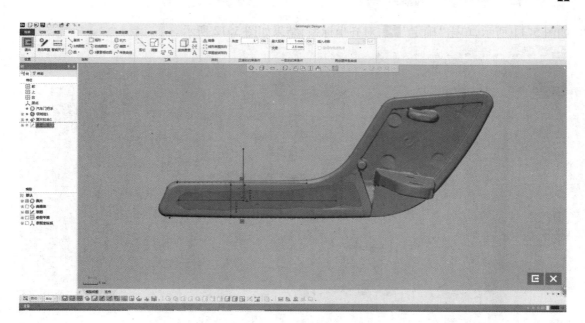

图5.8　面片草图

⑤在工具面板中,单击"模型",进入"模型"工具栏,单击"拉伸" 按钮,"轮廓"选择"草图链1""草图链2","方法"设置为"距离","长度"设置为"30",结果如图5.9所示,单击"确定"按钮即可。

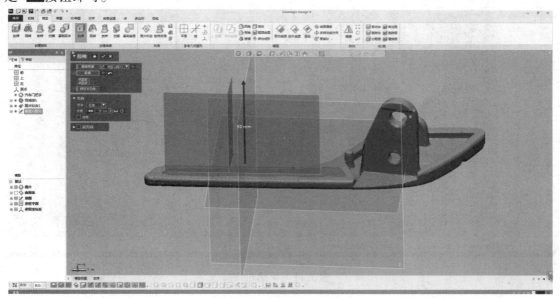

图5.9　拉伸

⑥在工具面板中,单击"对齐",进入"对齐"的工具栏中,单击"手动对齐"按钮,在"手动对齐"的对话框中,"移动实体"选择"汽车门把手",勾选"用世界坐标系原点预先对齐",如图5.10所示,在"手动对齐"的对话框中单击"下一阶段" ,在"移动"中勾选"3-2-1"复选框,选择"面片拟合1"作为"平面"、选择"拉伸1-1"作为"线"、选择"拉伸1-2"作为"位置",

如图 5.11 所示,单击"确定" 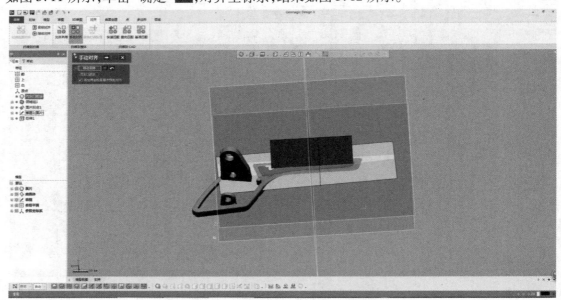,对齐坐标系,结果如图 5.12 所示。

图 5.10　手动对齐

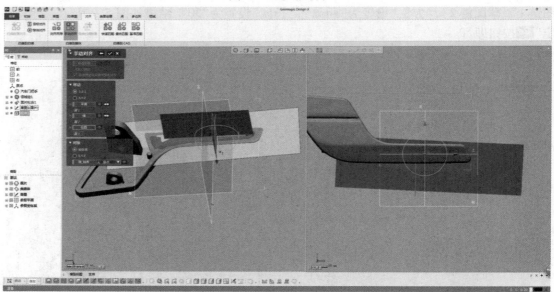

图 5.11　手动对齐

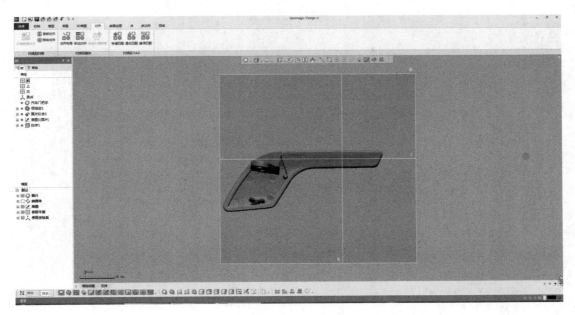

图 5.12　手动对齐

任务 5.2　构建模型主体

在本小节中,我们再次巩固放样的概念和参数设计。

放样:选取两条或两条以上曲线进行曲面创建,当第一条曲线或最后一条曲线连接着曲面时,可设置这两个面之间的连续性。

常用约束条件有:

无:不指定面与面之间的连续性。

与面相切:面与面之间采用相切的过渡方式。

构建汽车门把手的模型主体步骤如下:

①在工具面板中,单击"领域",进入"领域"工具栏,单击"画笔选择模式" ▨,对门把手的单个面进行涂画,涂画完成后单击"插入" ⬡ 完成领域,先将汽车门把手所有需要领域的面进行领域,结果如图 5.13 所示。

②在工具面板中,单击"3D 草图",进入"3D 草图"工具栏,单击"3D 草图" ✗,单击"断面" ⬛,"对象要素"选择汽车门把手,单击下一阶段 ➡,利用"绘制画面上的线""分割" ↬、"样条曲线" ∿ 对"把手轮廓"区域进行拟合及约束,结果如图 5.14 所示。

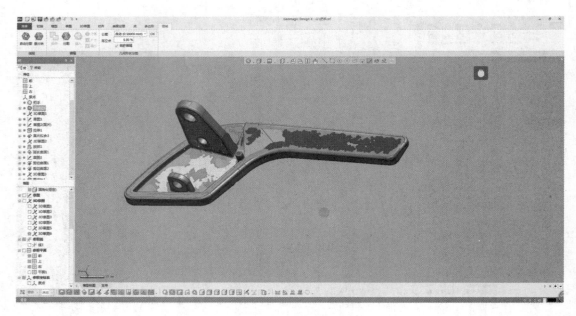

图5.13　领域

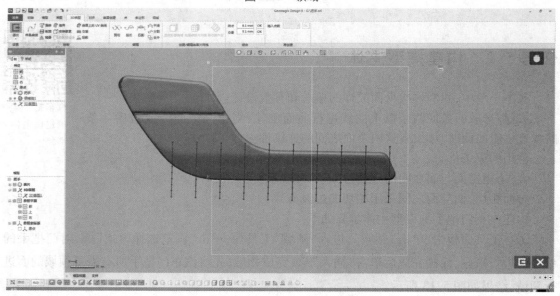

图5.14　领域

　　③在工具面板中,单击"草图",进入"草图"工具栏,单击"草图" ,在"面片草图"的对话框中,"基准平面"选择"前",单击"确定" 按钮,进入"草图"模式,利用"直线" ,"3点圆弧" 命令绘画,结果如图5.15所示,单击"退出" 按钮,退出"草图"模式。

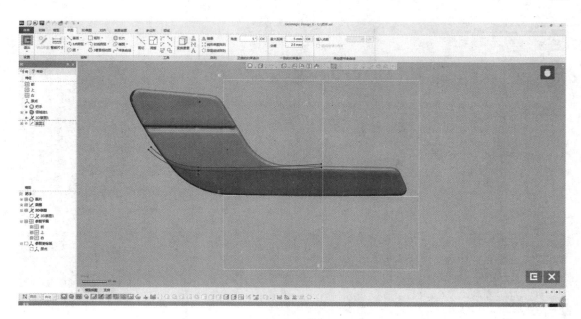

图 5.15　草图

④在工具面板中,单击"草图",进入"草图"工具栏,单击"面片草图" ✎,在"面片草图"的对话框中,勾选"平面投影"复选框,"基准平面"选择"前",单击"确定" ✔ 按钮,进入"面片草图"模式,利用"直线" ✎、"3点圆弧"命令 ◔,对"汽车门把手轮廓"区域进行拟合及约束,结果如图 5.16 所示,单击"退出" ▣ 按钮,退出"面片草图"模式。

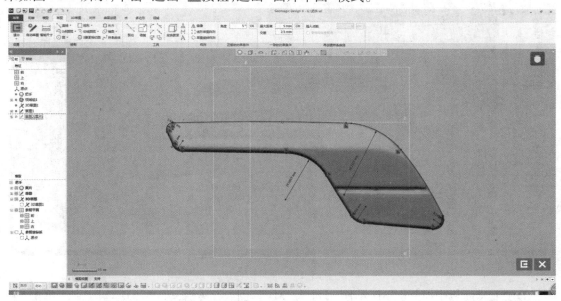

图 5.16　面片草图

⑤在工具面板中,单击"模型",进入"模型"工具栏,单击"拉伸" 🗐 按钮,选择"草图2面片"作为轮廓,"方法"选择"距离",设置"长度"为"10","反方法"选择"距离",设置"长度"为"7",结果如图 5.17 所示,单击"确定" ✔ 按钮。

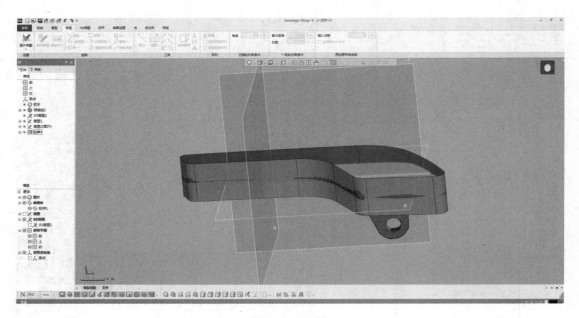

图 5.17　拉伸

⑥在工具面板中，单击"模型"，进入"模型"工具栏，单击"面片拟合"，选择"领域"，然后单击"确定"按钮，结果如图 5.18 所示。

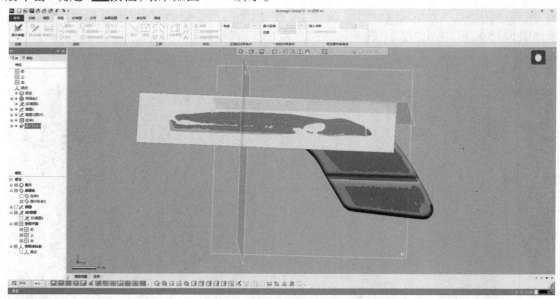

图 5.18　面片拟合

⑦在工具面板中，单击"3D 草图"，进入"3D 草图"工具栏，单击"3D 草图"，单击"断面"，"对象要素"选择门把手，单击"下一阶段"，利用"绘制画面上的线"、"分割"、"样条曲线"对"把手轮廓"区域进行拟合及约束，结果如图 5.19 所示。

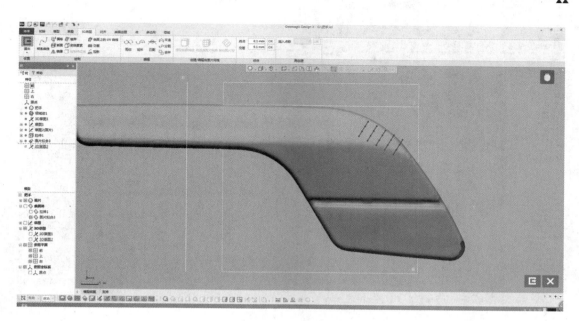

图 5.19　3D 草图

⑧在工具面板中,单击"模型",进入"模型"工具栏,单击"放样" ,"轮廓"选择"3D 草图 2",单击"确定" 按钮,结果如图 5.20 所示。

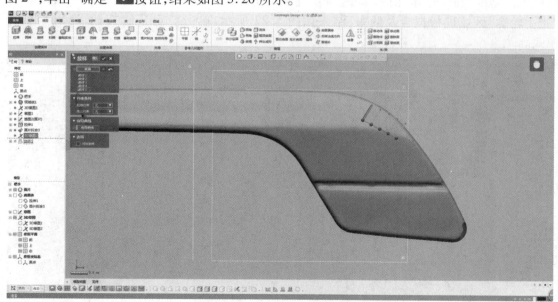

图 5.20　放样

⑨在工具面板中,单击"模型",进入"模型"工具栏,单击"延长曲面" ,选择面片,距离为"6.5",然后单击"确定" 按钮,结果如图 5.21 所示。

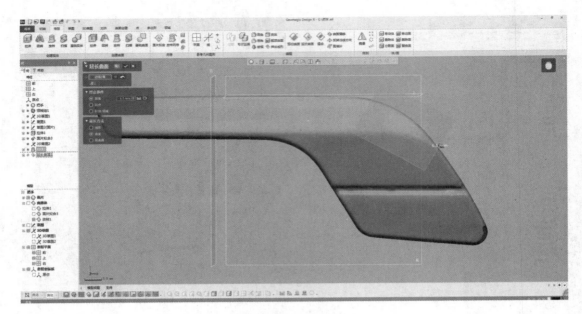

图 5.21　延长曲面

⑩在工具面板中,单击"草图",进入"草图"工具栏,单击"草图" ✐,在"面片草图"的对话框中,"基准平面"选择"前",单击"确定" ✔ 按钮,进入"草图"模式,利用"直线" ✐命令,对"把手轮廓"区域进行拟合及约束,结果如图 5.22 所示,单击"退出" ⊡ 按钮,退出"草图"模式。

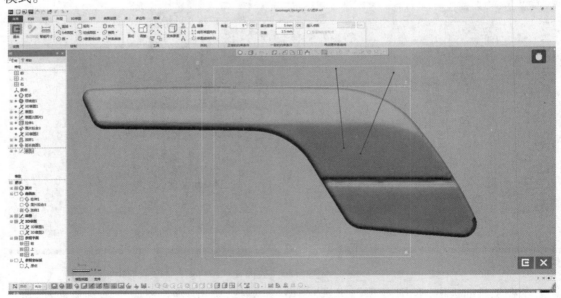

图 5.22　草图

⑪在工具面板中,单击"模型",进入"模型"工具栏,单击"剪切曲面" ◈ 按钮,"工具要素"选择"草图 3",勾选"对象",对象体选择"面片拟合","放样 1"单击"下一阶段" ➡ ,"残留体"选择如图 5.23 所示,然后单击"确定" ✔ 按钮。

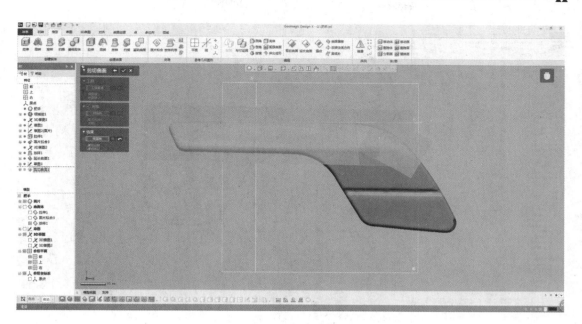

图5.23 面片拟合

⑫在工具面板中,单击"模型",进入"模型"工具栏,单击"剪切曲面" 🗶 按钮,"工具要素"选择"草图1","草图2面片"勾选"对象",对象体选择"剪切曲面1",单击"下一阶段"➡️,"残留体"选择如图5.24所示,单击"确定" ✅ 按钮。

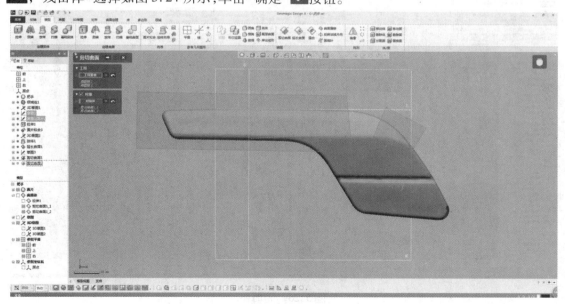

图5.24 剪切曲面

⑬在工具面板中,单击"3D草图",进入"3D草图"工具栏,单击"3D草图" 🗶,单击"断面" 🗐,"对象要素"选择门把手,单击下一阶段➡️,利用"绘制画面上的线"、"分割" 🔩、"样条曲线" 🖊 对"把手轮廓"区域进行拟合及约束,结果如图5.25所示。

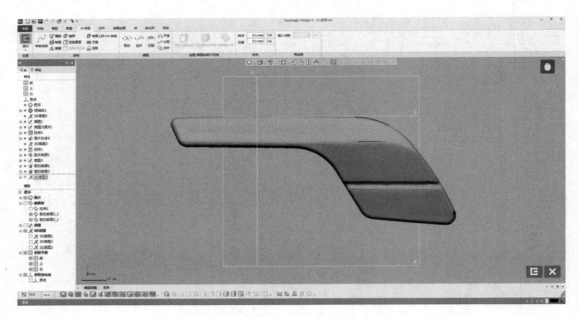

图 5.25　3D 草图

⑭在工具面板中,单击"模型",进入"模型"工具栏,单击"面填补" 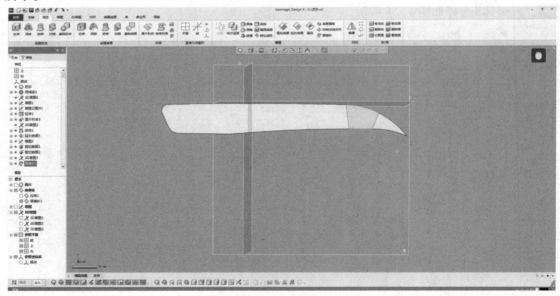,结果如图 5.26 所示。

图 5.26　面填补

⑮在工具面板中,单击"3D 草图",进入"3D 草图"工具栏,单击"3D 草图" ,单击"断面" ,"对象要素"选择门把手,单击下一阶段 ,利用"绘制画面上的线"、"分割" 、"样条曲线" 对"把手轮廓"区域进行拟合及约束,结果如图 5.27 所示。

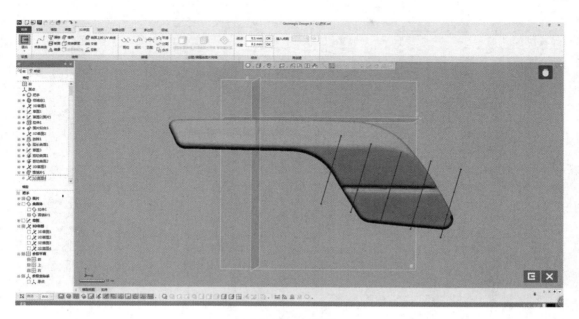

图 5.27　3D 草图

⑯在工具面板中,单击"模型",进入"模型"工具栏,单击"放样" 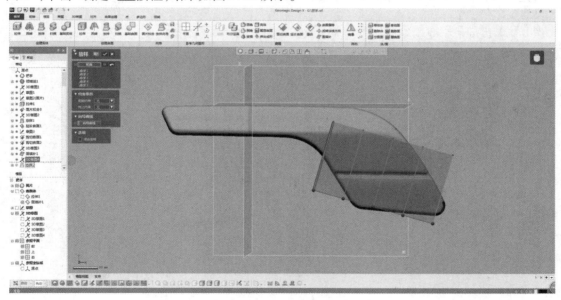,"轮廓"选择"3D 草图 4",单击"确定"✅按钮,结果如图 5.28 所示。

图 5.28　放样

⑰在工具面板中,单击"模型",进入"模型"工具栏,单击"延长曲面" ◈按钮,"距离"为"34",选择如图 5.29 所示,单击"确定"✅按钮即可。

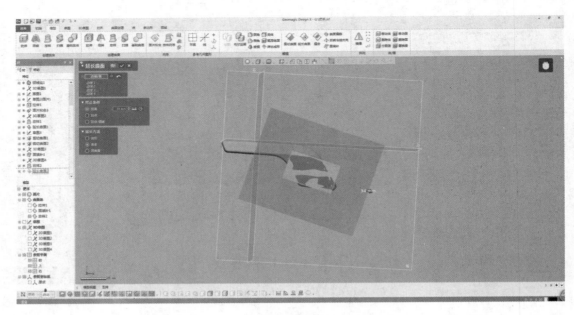

图 5.29　延长曲面

⑱在工具面板中,单击"模型",进入"模型"工具栏,单击"延长曲面" ◆ 按钮,"距离"为"2",选择如图 5.30 所示,单击"确定" ☑ 按钮即可。

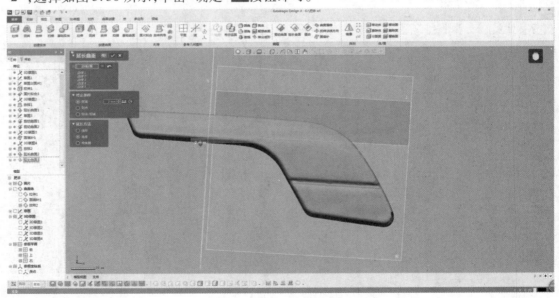

图 5.30　延长曲面

⑲在工具面板中,单击"模型",进入"模型"工具栏,单击"延长曲面" ◆ 按钮,"距离"为"60",选择如图 5.31 所示,单击"确定" ☑ 按钮即可。

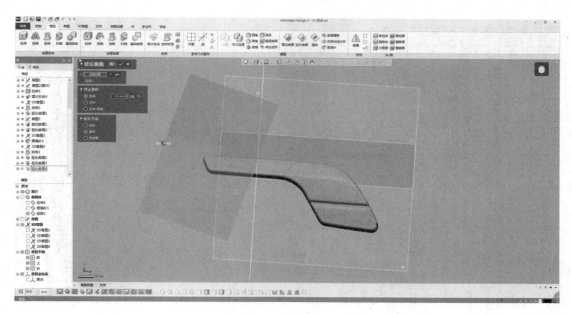

图 5.31　延长曲面

⑳在工具面板中，单击"模型"，进入"模型"工具栏，单击"面片拟合" 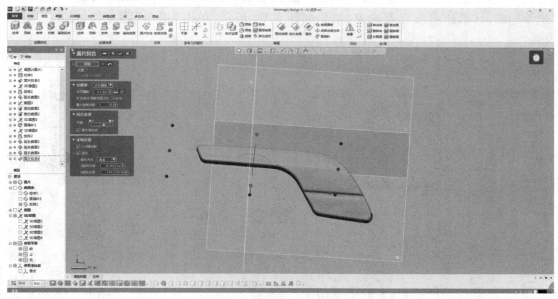 ，选择"领域"，然后单击"确定" ✔ 按钮，结果如图 5.32 所示。

图 5.32　面片拟合

㉑在工具面板中，单击"模型"，进入"模型"工具栏，单击"面片拟合" ◇ ，选择"领域"，然后单击"确定" ✔ 按钮，结果如图 5.33 所示。

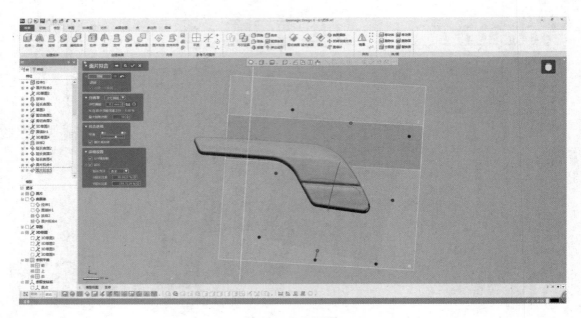

图5.33　面片拟合

㉒在工具面板中，单击"草图"，进入"草图"工具栏，单击"草图" ✐，在"面片草图"的对话框中，"基准平面"选择"前"，单击"确定" ☑ 按钮，进入"草图"模式，利用"直线" ＼ 命令，对"把手轮廓"区域进行拟合及约束，结果如图5.34所示，单击"退出" 🔁 按钮，退出"草图"模式。

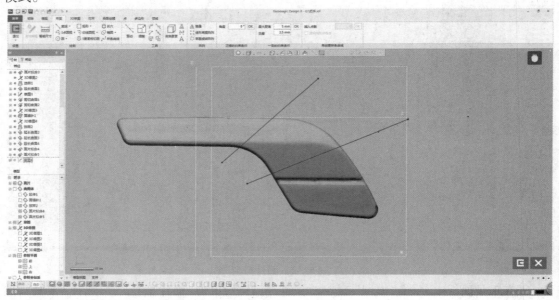

图5.34　草图

㉓在工具面板中，单击"模型"，进入"模型"工具栏，单击"剪切曲面" ◈ 按钮，"工具要素"选择"草图4"，勾选"对象"，对象体选择"面片拟合4，面片拟合5"，单击"下一阶段" ➡，"残留体"选择如图5.35所示。

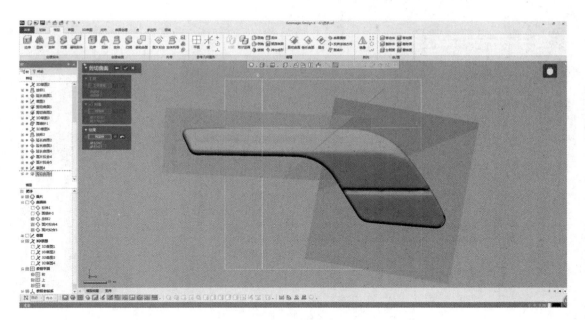

图 5.35　剪切曲面

㉔在工具面板中,单击"模型",进入"模型"工具栏,单击"剪切曲面" 按钮,"工具要素"选择"拉伸 1",勾选"对象",对象体选择"剪切曲面 4",单击"下一阶段" ,"残留体"选择如图 5.36 所示。

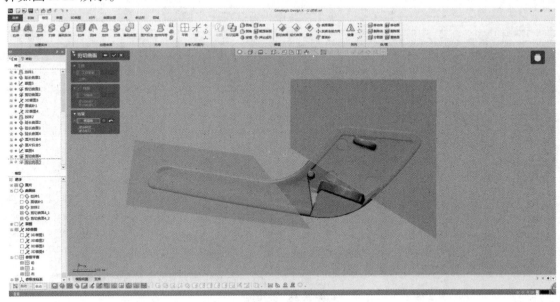

图 5.36　剪切曲面

㉕在工具面板中,单击"3D 草图",进入"3D 草图"工具栏,单击"3D 草图" ,单击"断面" ,"对象要素"选择门把手,单击下一阶段 ,利用"绘制画面上的线"、"分割" 、"样条曲线" 对"把手轮廓"区域进行拟合及约束,结果如图 5.37 所示。

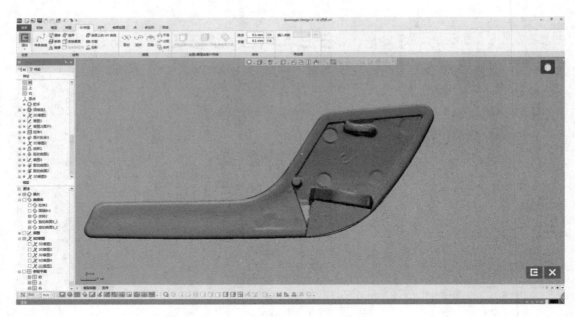

图 5.37　3D 草图

㉖在工具面板中,单击"模型",进入"模型"工具栏,单击"面填补"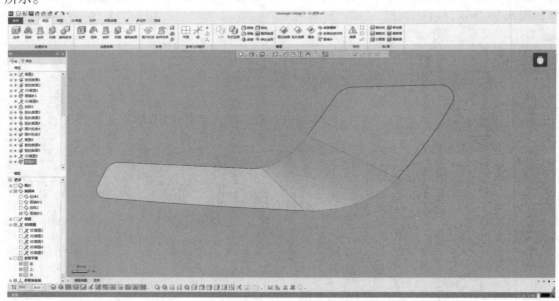按钮,结果如图 5.38 所示。

图 5.38　面填补

㉗在工具面板中,单击"模型",进入"模型"工具栏,单击"延长曲面"◇按钮,"距离"为 "5",选择如图 5.39 所示,单击"确定"☑按钮即可。

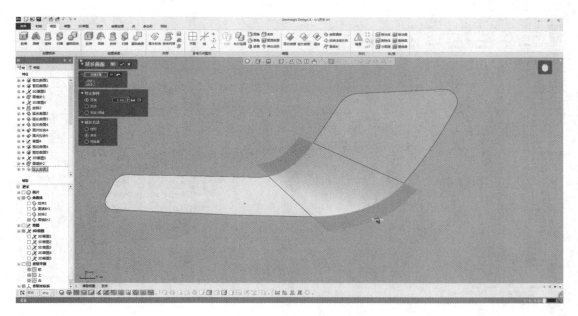

图 5.39 延长曲面

㉘在工具面板中,单击"模型",进入"模型"工具栏,单击"延长曲面" ◈ 按钮,"距离"为"5",选择如图 5.40 所示,单击"确定" ✔ 按钮即可。

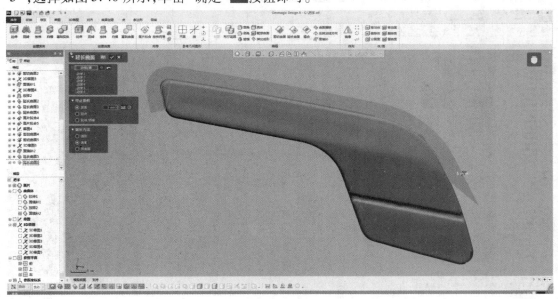

图 5.40 延长曲面

㉙在工具面板中,单击"草图",进入"草图"工具栏,单击"草图" ✐ 按钮,在"面片草图"的对话框中,"基准平面"选择"前",单击"确定" ✔ 按钮,进入"草图"模式,利用"直线" ✎,"3点圆弧" ⌒ 命令,对"把手轮廓"区域进行拟合及约束,结果如图 5.41 所示,单击"退出" ⤴ 按钮,退出"草图"模式。

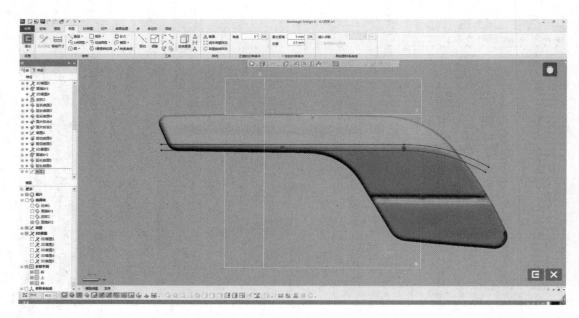

图 5.41　草图

㉚在工具面板中,单击"模型",进入"模型"工具栏,单击"延长曲面"◈按钮,"距离"为"1",选择如图 5.42 所示,单击"确定"✅按钮即可。

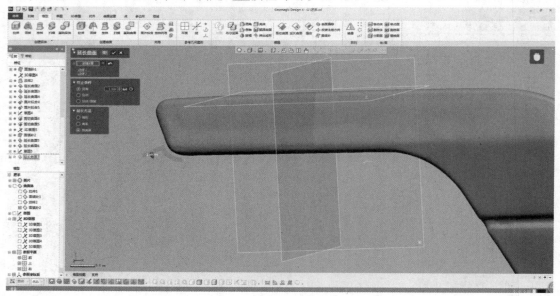

图 5.42　延长曲面

㉛在工具面板中,单击"模型",进入"模型"工具栏,单击"剪切曲面"◈按钮,"工具要素"选择"草图 5",勾选"对象",对象体选择"放样 2""面填补 1",单击"下一阶段"➡,"残留体"选择如图 5.43 所示。

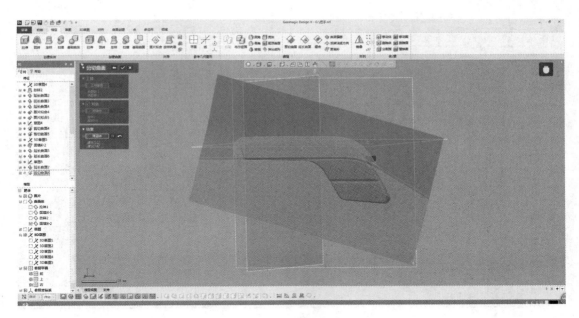

图 5.43　剪切曲面

㉜在工具面板中,单击"草图",进入"草图"工具栏,单击"草图" ✍,在"面片草图"的对话框中,"基准平面"选择"前",单击"确定" ✅ 按钮,进入"草图"模式,利用"直线" ✏ 命令对"把手轮廓"区域进行拟合及约束,结果如图 5.44 所示,单击"退出" ▣ 按钮,退出"草图"模式。

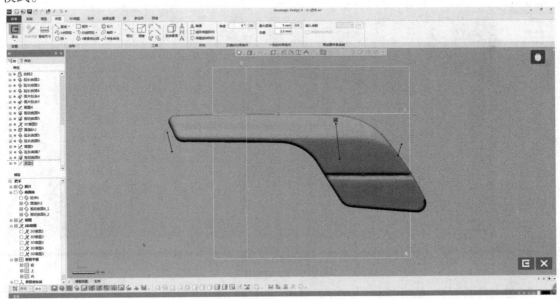

图 5.44　草图

㉝在工具面板中,单击"模型",进入"模型"工具栏,单击"拉伸" ▣ 按钮,选择"草图 6"作为轮廓,"方法"选择"距离",设置"长度"为"10",结果如图 5.45 所示,单击"确定" ✅ 按钮。

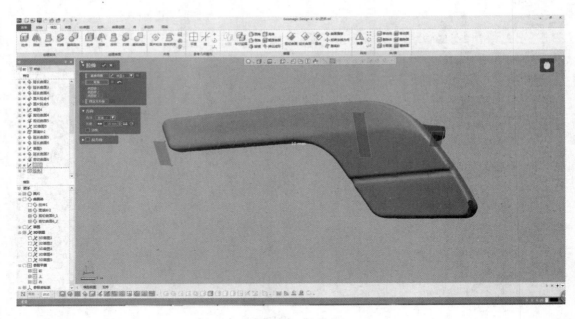

图 5.45　拉伸

㉞在工具面板中，单击"模型"，进入"模型"工具栏，单击"分割面"▣按钮，选择如图5.46所示，单击"确定"✓按钮。

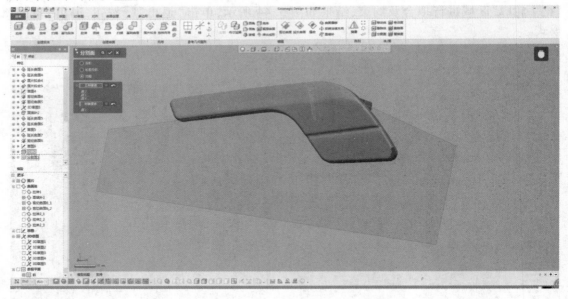

图 5.46　拉伸

㉟在工具面板中，单击"模型"，进入"模型"工具栏，单击"分割面"▣按钮，选择如图5.47所示，单击"确定"✓按钮。

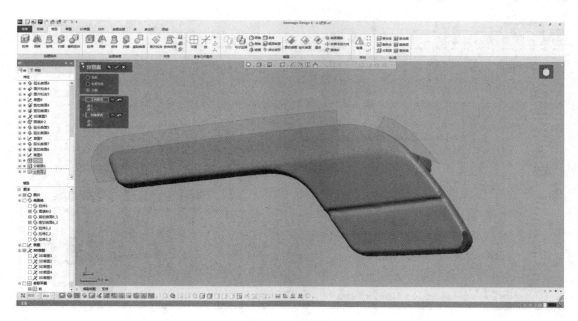

图 5.47　分割面

㊱在工具面板中,单击"3D 草图",进入"3D 草图"工具栏,单击"3D 草图" ✗,单击"断面" 🖼,"对象要素"选择门把手,单击下一阶段 ➡,利用"绘制画面上的线"、"分割" 🔗、"样条曲线" 〰 对"把手轮廓"区域进行拟合及约束,结果如图 5.48 所示。

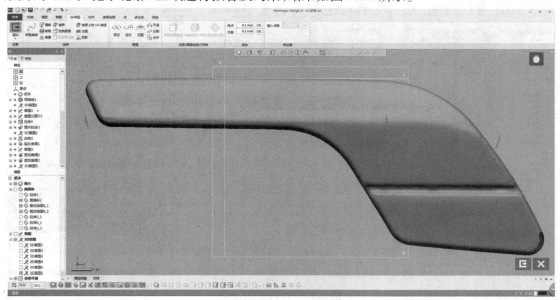

图 5.48　3D 草图

㊲在工具面板中,单击"模型",进入"模型"工具栏,单击"面填补" 🖉,结果如图 5.49 所示。

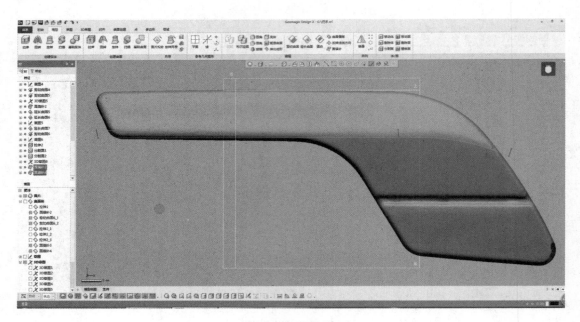

图 5.49　面填补

㊳在工具面板中,单击"模型",进入"模型"工具栏,单击"反转法线方向" 中,曲面体选择"面填补 3",结果如图 5.50 所示。

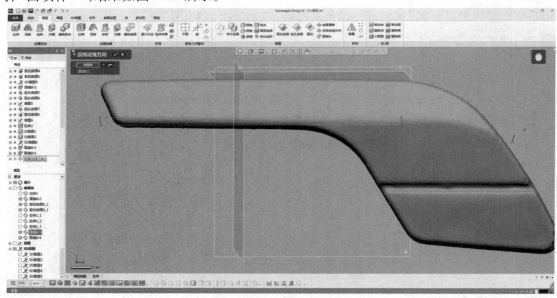

图 5.50　反转法线方向

㊴在工具面板中,单击"模型",进入"模型"工具栏,单击"缝合" ◈,结果如图 5.51 所示。

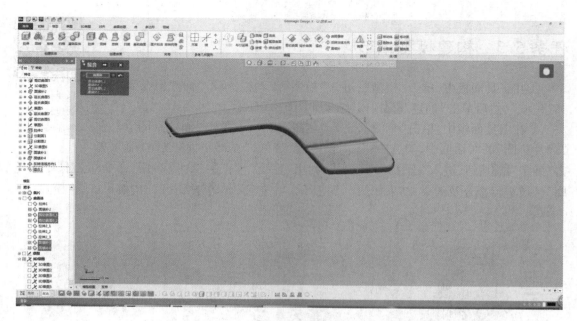

图 5.51   缝合

⑩在工具面板中,单击"模型",进入"模型"工具栏,单击"剪切曲面" 按钮,"工具要素"选择"拉伸 1""面填补 2""面填补 4",单击"下一阶段" ➡ ,"残留体"选择如图 5.52所示。

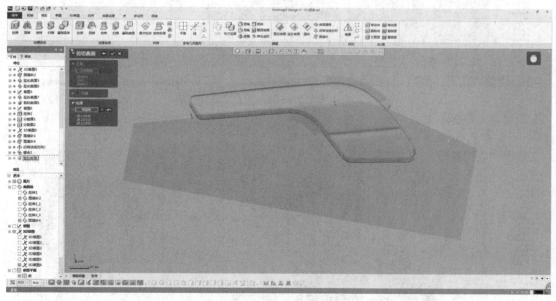

图 5.52   剪切曲面

任务 5.3　构建模型细节

①在工具面板中，单击"模型"，进入"模型"工具栏，单击"面片拟合" ◇，选择"领域"，然后单击"确定" ✓ 按钮，结果如图 5.53 所示。

②在工具面板中，单击"草图"，进入"草图"工具栏，单击"面片草图" ✓，在"面片草图"的对话框中，勾选中"平面投影"复选框，"基准平面"选择"前"，单击"确定" ✓ 按钮，进入"面片草图"模式，利用"直线" ＼命令，"3 点圆弧"命令 ⊙，对"把手轮廓"区域进行拟合及约束，结果如图 5.54 所示，单击"退出" ⊡按钮，退出"面片草图"模式。

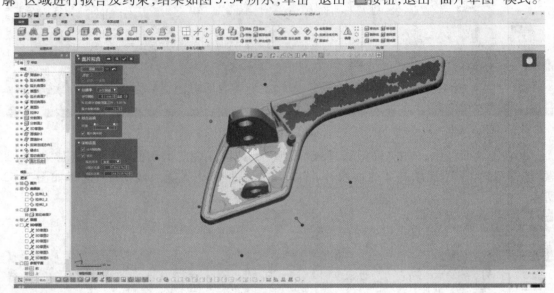

图 5.53　面片拟合

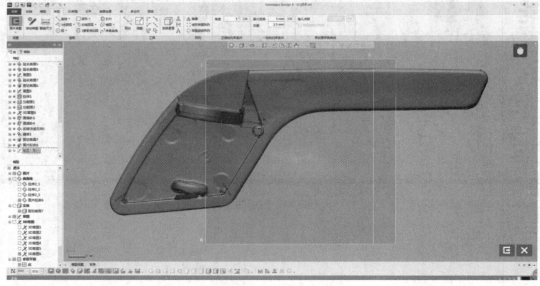

图 5.54　面片草图

③在工具面板中,单击"模型",进入"模型"工具栏,单击"拉伸"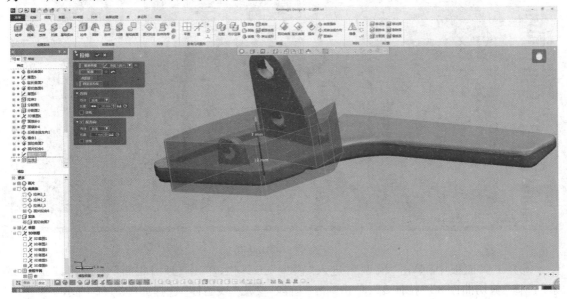按钮,选择"草图 7 面片"作为轮廓,"方法"选择"距离",设置"长度"为"10","反方法"选择"距离",设置"长度"为"7",结果如图 5.55 所示,单击"确定"✓按钮。

图 5.55　拉伸

④在工具面板中,单击"模型",进入"模型"工具栏,单击"面片拟合"◈,选择"领域",然后单击"确定"✓按钮,结果如图 5.56 所示。

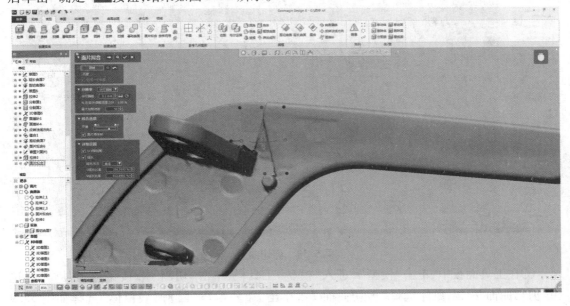

图 5.56　面片拟合

⑤在工具面板中,单击"模型",进入"模型"工具栏,单击"剪切曲面"◈按钮,"工具要素"选择"面片拟合 6""面片拟合 7",单击"下一阶段"➡,"残留体"选择如图 5.57 所示。

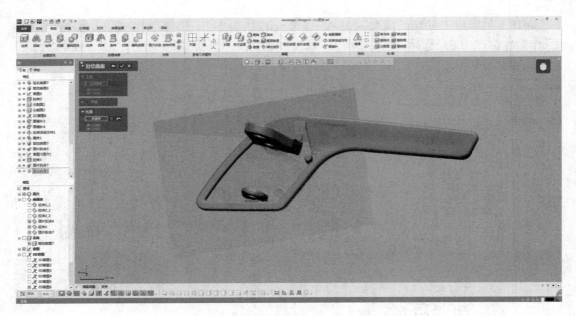

图 5.57　剪切曲面

⑥在工具面板中，单击"模型"，进入"模型"工具栏，单击"剪切曲面" 按钮，"工具要素"选择"剪切曲面8""拉伸3"，单击"下一阶段" ，"残留体"选择如图5.58所示。

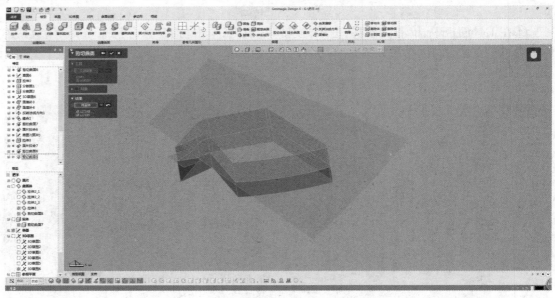

图 5.58　剪切曲面

⑦在工具面板中，单击"模型"，进入"模型"工具栏，单击"切割" 按钮，"工具要素"选择"剪切曲面9"，对象体选择"剪切曲面7"，单击"下一阶段" ，"残留体"选择如图5.59所示。

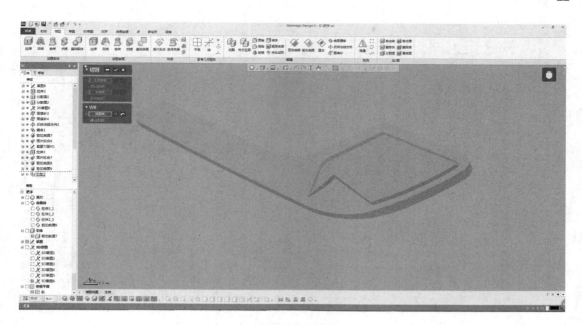

图 5.59　切割

⑧在工具面板中，单击"模型"，进入"模型"工具栏，单击"面片拟合"◇，选择"领域"，然后单击"确定"✔按钮，结果如图 5.60 所示。

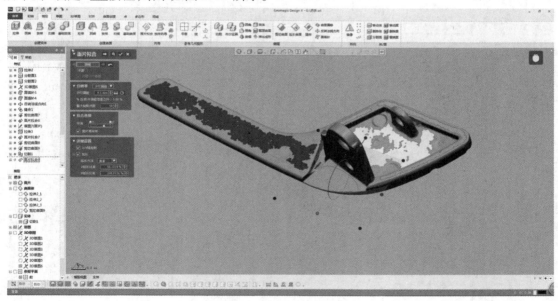

图 5.60　面片拟合

⑨在工具面板中，单击"草图"，进入"草图"工具栏，单击"草图"✐，在"面片草图"的对话框中，"基准平面"选择"前"，单击"确定"✔按钮，进入"草图"模式，利用"直线"╲命令，对"把手轮廓"区域进行拟合及约束，结果如图 5.61 所示，单击"退出"✑按钮，退出"草图"模式。

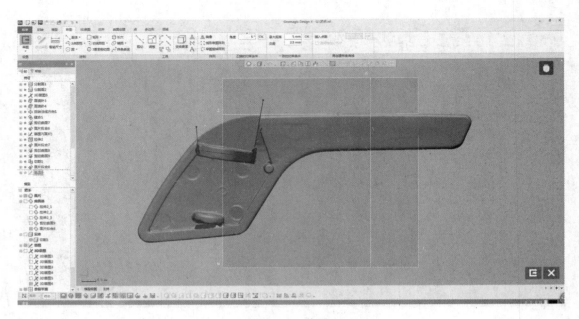

图 5.61　草图

⑩在工具面板中，单击"模型"，进入"模型"工具栏，单击"拉伸"![]按钮，选择"草图 8"作为轮廓，结果如图 5.62 所示，单击"确定"![]按钮。

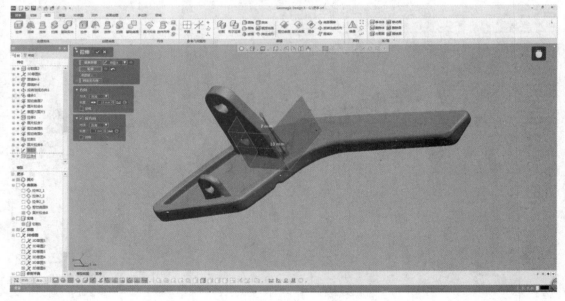

图 5.62　拉伸

⑪在工具面板中，单击"模型"，进入"模型"工具栏，单击"剪切曲面"![]按钮，"工具要素"选择"剪切曲面 8""拉伸 4"，单击"下一阶段"![]，"残留体"选择如图 5.63 所示。

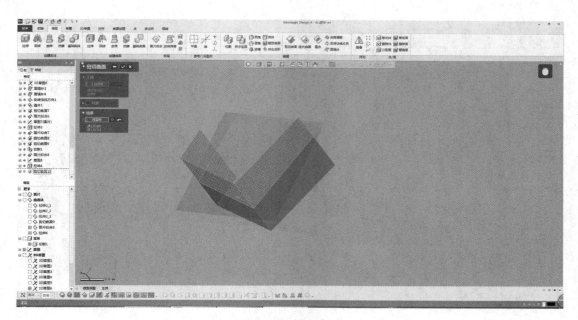

图 5.63　剪切曲面

⑫在工具面板中,单击"模型",进入"模型"工具栏,单击"切割" 按钮,"工具要素"选择"剪切曲面10",对象体选择"切割1",单击"下一阶段" ,"残留体"选择如图 5.64 所示。

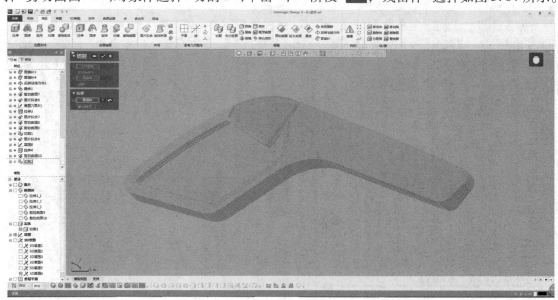

图 5.64　切割

⑬在工具面板中,单击"模型",进入"模型"工具栏,单击"面片拟合" ,选择"领域",然后单击"确定" 按钮,结果如图 5.65 所示。

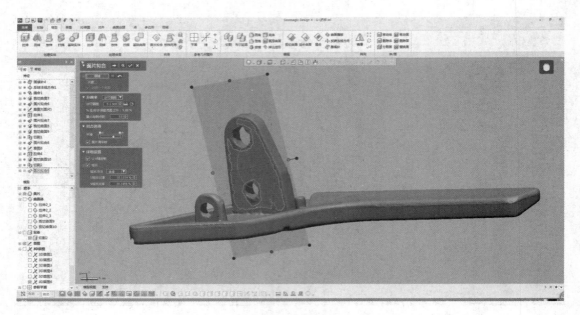

图 5.65　面片拟合

⑭在工具面板中,单击"模型",进入"模型"工具栏,单击"面片拟合"◈,选择"领域",然后单击"确定"✓按钮,结果如图 5.66 所示。

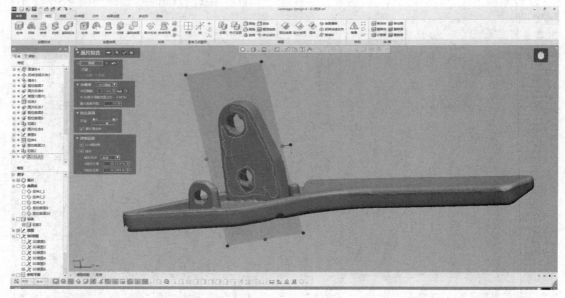

图 5.66　面片拟合

⑮在工具面板中,单击"草图",进入"草图"工具栏,单击"面片草图"✍,在"面片草图"的对话框中,勾选中"平面投影"复选框,"基准平面"选择"上",单击"确定"✓按钮,进入"面片草图"模式,利用"直线"╲命令,"3 点圆弧"⌒命令,对"把手轮廓"区域进行拟合及约束,结果如图 5.67 所示,单击"退出"▣按钮,退出"面片草图"模式。

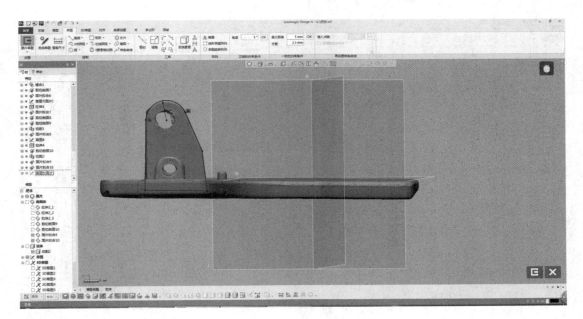

图 5.67　面片草图

⑯在工具面板中,单击"模型",进入"模型"工具栏,单击"拉伸"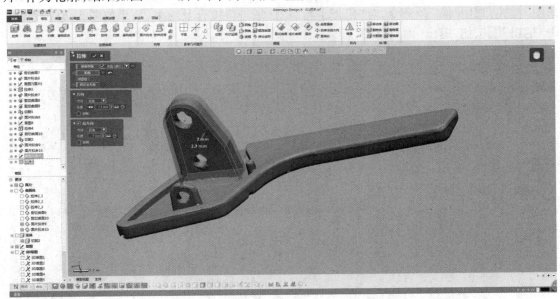按钮,选择"草图 9 面片"作为轮廓,结果如图 5.68 所示,单击"确定"☑按钮。

图 5.68　拉伸

⑰在工具面板中,单击"模型",进入"模型"工具栏,单击"剪切曲面"◈按钮,"工具要素"选择"面片拟合 9""面片拟合 10""拉伸 5",单击"下一阶段"➡,"残留体"选择如图 5.69所示。

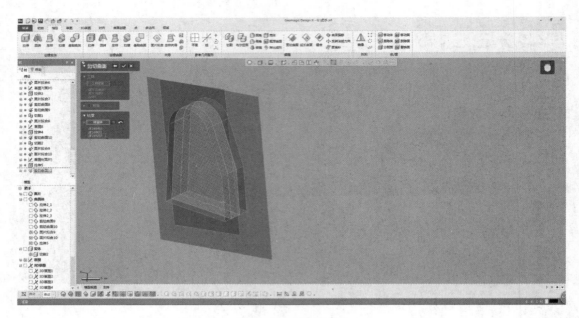

图 5.69　剪切曲面

⑱在工具面板中，单击"草图"，进入"草图"工具栏，单击"面片草图"✎，在"面片草图"的对话框中，勾选中"平面投影"复选框，"基准平面"选择"上"，单击"确定"✔按钮，进入"面片草图"模式，利用"圆"◎命令，对"门把手轮廓"区域进行拟合及约束，结果如图 5.70 所示，单击"退出"⬕按钮，退出"面片草图"模式。

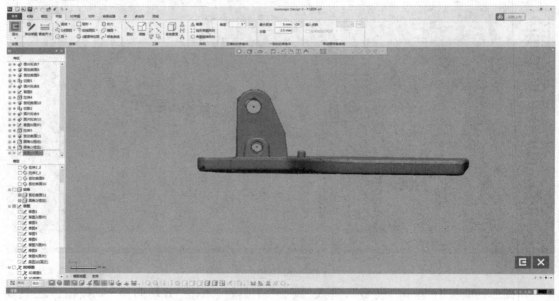

图 5.70　面片草图

⑲在工具面板中，单击"模型"，进入"模型"工具栏，单击"拉伸"▣按钮，选择"草图 10 面片"作为轮廓，结果运算勾选"切割"，结果如图 5.71 所示，单击"确定"✔按钮。

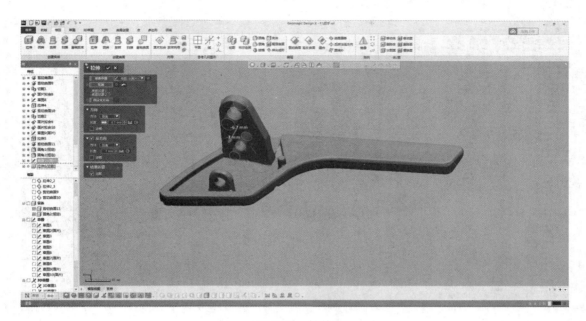

图 5.71 拉伸

⑳在工具面板中,单击"模型",进入"模型"工具栏,单击"面片拟合"，选择"领域",然后单击"确定"按钮,结果如图 5.72 所示。

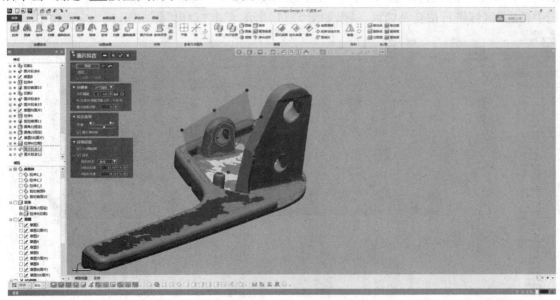

图 5.72 面片拟合

㉑在工具面板中,单击"模型",进入"模型"工具栏,单击"面片拟合"，选择"领域",然后单击"确定"按钮,结果如图 5.73 所示。

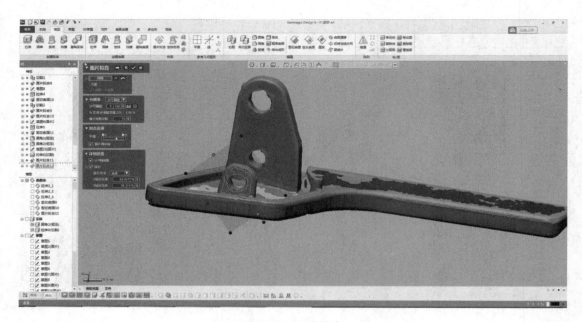

图 5.73　面片拟合

㉒在工具面板中，单击"草图"，进入"草图"工具栏，单击"草图"✐，在"面片草图"的对话框中，"基准平面"选择"前"，单击"确定"✓按钮，进入"草图"模式，利用"直线"◥，对"门把手轮廓"区域进行拟合及约束，结果如图 5.74 所示，单击"退出"◲按钮，退出"草图"模式。

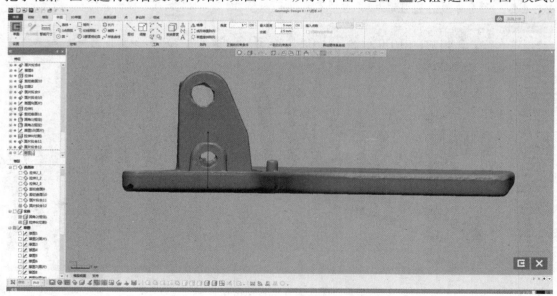

图 5.74　草图

㉓在工具面板中，单击"草图"，进入"草图"工具栏，单击"面片草图"✐，在"面片草图"的对话框中，勾选"平面投影"复选框，"基准平面"选择"前"，单击"确定"✓按钮，进入"面片草图"模式，利用"3 点圆弧"⊙命令，对"门把手轮廓"区域进行拟合及约束，结果如图 5.75 所示，单击"退出"◲按钮，退出"面片草图"模式。

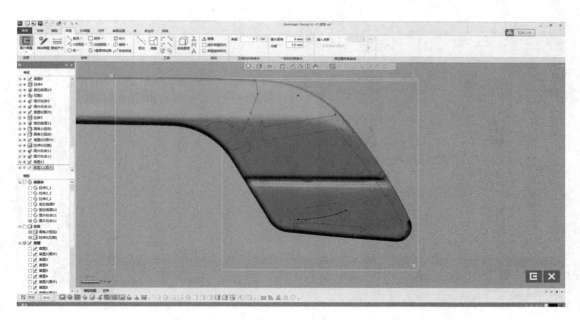

图 5.75　面片草图

㉔在工具面板中,单击"模型",进入"模型"工具栏,单击"扫描" 按钮,"轮廓"选择"草图 12(面片)",路径选择"草图 11",单击"确定" 按钮即可,结果如图 5.76 所示。

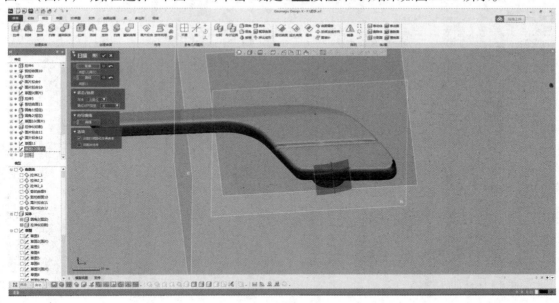

图 5.76　扫描

㉕在工具面板中,单击"草图",进入"草图"工具栏,单击"面片草图" ,在"面片草图"的对话框中,勾选"平面投影"复选框,"基准平面"选择"上",单击"确定" 按钮,进入"面片草图"模式,利用"直线" 、"3 点圆弧" 命令,对"门把手轮廓"区域进行拟合及约束,结果如图 5.77 所示,单击"退出" 按钮,退出"面片草图"模式。

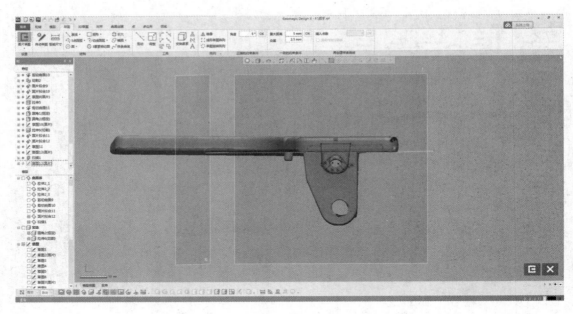

图 5.77　面片草图

㉖在工具面板中,单击"模型",进入"模型"工具栏,单击"拉伸"⬚按钮,选择"草图 13 面片"作为轮廓,结果如图 5.78 所示,单击"确定"✅按钮。

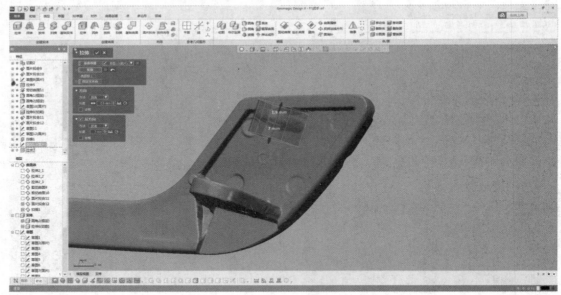

图 5.78　拉伸

㉗在工具面板中,单击"模型",进入"模型"工具栏,单击"剪切曲面"◈按钮,"工具要素"选择"扫描 1,面片拟合 11,拉伸 7",单击"下一阶段"➡,"残留体"选择如图 5.79 所示。

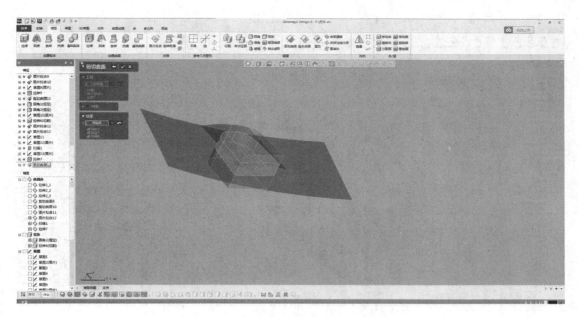

图 5.79　剪切曲面

㉘在工具面板中,单击"草图",进入"草图"工具栏,单击"面片草图" ,在"面片草图"的对话框中,勾选"平面投影"复选框,"基准平面"选择"上",单击"确定" 按钮,进入"面片草图"模式,利用"圆" 命令,对"门把手轮廓"区域进行拟合及约束,结果如图5.80所示,单击"退出" 按钮,退出"面片草图"模式。

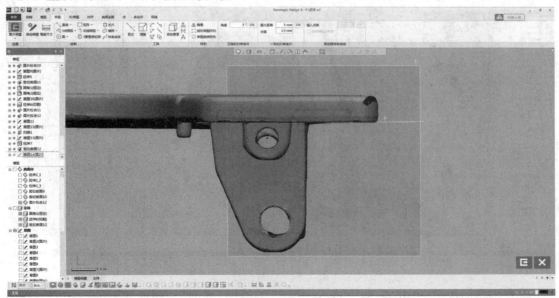

图 5.80　面片草图

㉙在工具面板中,单击"模型",进入"模型"工具栏,单击"拉伸" 按钮,选择"草图14面片"作为轮廓,结果运算勾选"切割",结果如图5.81所示,单击"确定" 按钮。

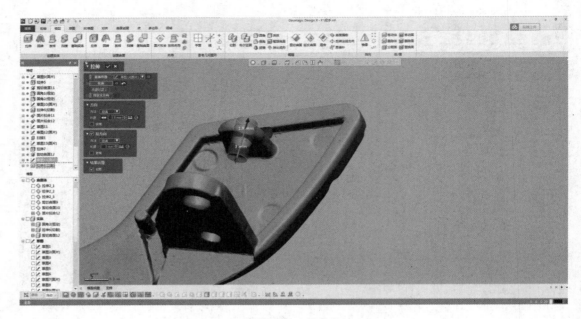

图 5.81　拉伸

㉚在工具面板中,单击"模型",进入"模型"工具栏,单击"面片拟合"◈,选择"领域",然后单击"确定"✔按钮,结果如图 5.82 所示。

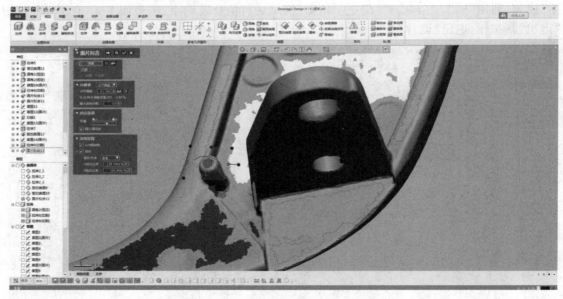

图 5.82　面片拟合

㉛在工具面板中,单击"模型",进入"模型"工具栏,单击"曲面偏移"◈选择"面片拟合13",结果如图 5.83 所示,单击"确定"✔按钮即可。

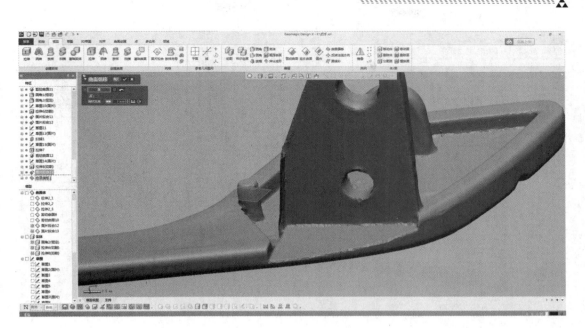

图 5.83　曲面偏移

㉜在工具面板中，单击"草图"，进入"草图"工具栏，单击"面片草图"，在"面片草图"的对话框中，勾选"平面投影"复选框，"基准平面"选择"上"，单击"确定"按钮，进入"面片草图"模式，利用"圆"命令，对"门把手轮廓"区域进行拟合及约束，结果如图 5.84 所示，单击"退出"按钮，退出"面片草图"模式。

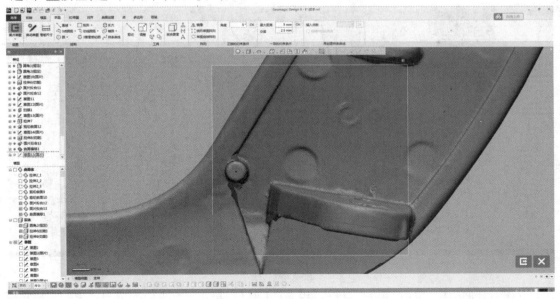

图 5.84　面片草图

㉝在工具面板中，单击"模型"，进入"模型"工具栏，单击"拉伸"按钮，选择"草图 15 面片"作为轮廓，结果如图 5.85 所示，单击"确定"按钮。

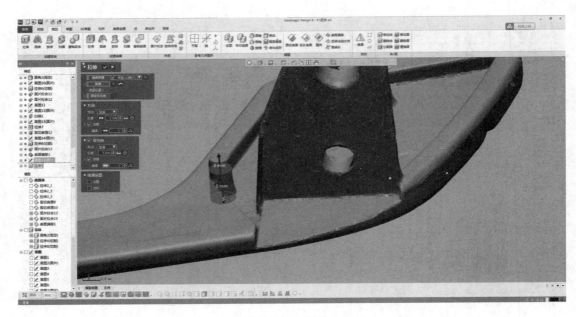

图 5.85　拉伸

㉞在工具面板中,单击"模型",进入"模型"工具栏,单击"线" ✕ 按钮,结果如图 5.86 所示,单击"确定" ✓ 按钮。

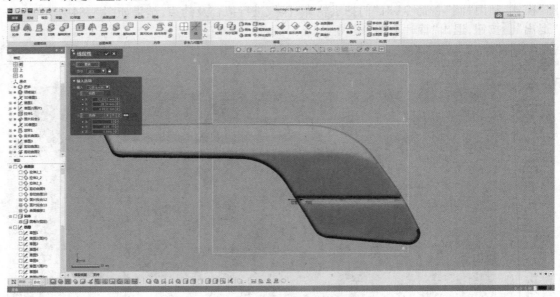

图 5.86　线

㉟在工具面板中,单击"模型",进入"模型"工具栏,单击"平面" ⊞ 按钮,结果如图 5.87 所示,单击"确定" ✓ 按钮。

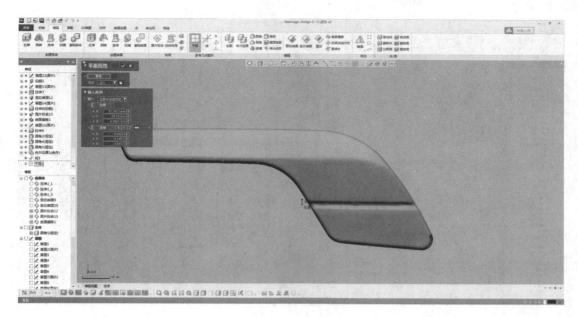

图 5.87　平面

㊱在工具面板中,单击"草图",进入"草图"工具栏,单击"草图"✎,在"面片草图"的对话框中,"基准平面"选择"前",单击"确定"✔按钮,进入"草图"模式,利用"直线"✎,对"把手轮廓"区域进行拟合及约束,结果如图 5.88 所示,单击"退出"🔲按钮,退出"草图"模式。

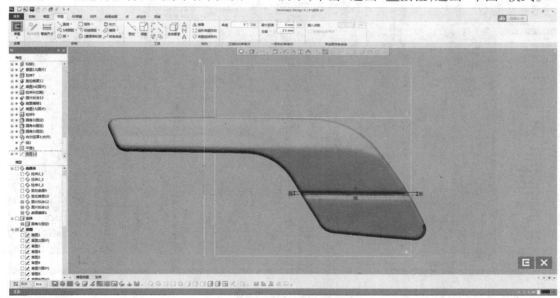

图 5.88　草图

㊲在工具面板中,单击"模型",进入"模型"工具栏,单击"回转"🔄按钮,选择"草图 16",结果如图 5.89 所示,单击"确定"✔按钮。

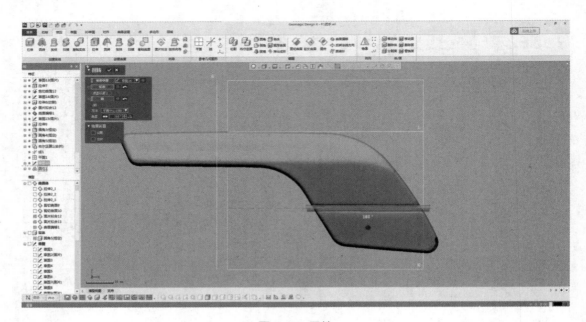

图 5.89　回转

㊳在工具面板中，单击"模型"，进入"模型"工具栏，单击"布尔运算"🔧按钮，结果如图 5.90 所示，单击"确定"✅按钮。

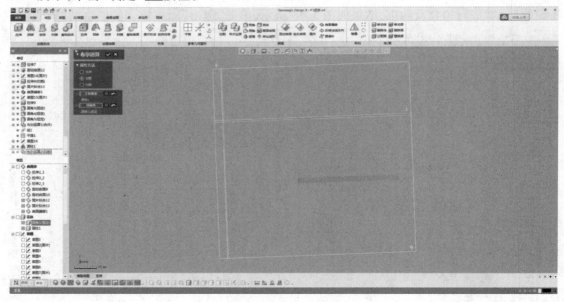

图 5.90　布尔运算

㊴在工具面板中，单击"模型"，进入"模型"工具栏，单击"圆角"🔘按钮，选择"边线"，如图 5.91 所示，单击"确定"✅按钮即可。

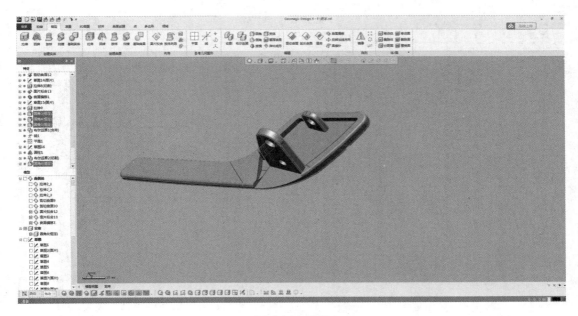

图 5.91　圆角

⑩完成建模,如图 5.92 所示。

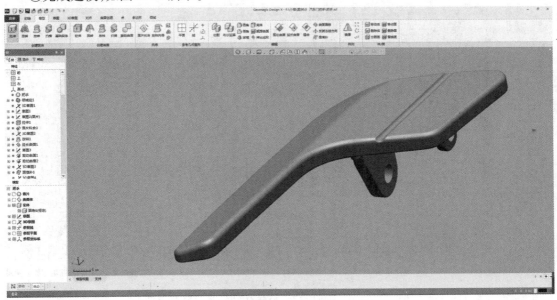

图 5.92　完成建模

任务 5.4　误差分析

①选择工具栏下,单击"体偏差"选项"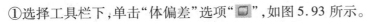",如图 5.93 所示。
②根据右边色谱来检测分析误差,如图 5.94 所示。

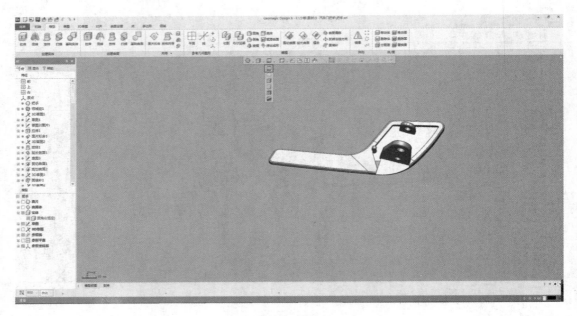

图 5.93　体偏差

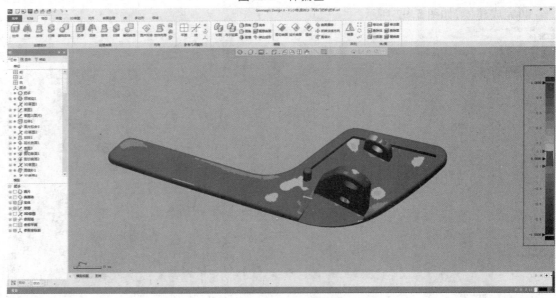

图 5.94　误差分析

项目小结

　　通过完成本项目的学习,利用 Geomagic Design X 软件进行模型重构,让学习者对面片基础实体、切割等命令的功能进一步理解,对各操作命令的实际运用有了进一步的掌握。

课后思考

1. 如何根据数据构建精准的特征?
2. 做面的顺序原则是什么?
3. 在误差分析时,对于缺失数据所建模型特征是否需要格外关注?

项目单卡

一、项目计划表

汽车把手案例初始化项目计划表见表5.1。

表5.1 汽车把手案例初始化项目计划表

工序	工序内容
1	先检查_____软件是否能够正常打开。
2	分析坐标系是否(□对齐,□齐整,□合适,□美观)
3	Geomagic Design X 各模块是否正常,点、_____ 、_____、体模块是否正常。
4	汽车把手案例数据(□是□否)正常

二、展示数据初始化效果并进行评判(10 min):

以小组为单位,小组长根据以下讲话稿上台分享展示数据初始化效果,其他小组成员进行评判其初始化效果是否正确。

1. 学生展示讲话稿

(1)开场礼貌用语;

(2)展示学生的自我介绍;

(3)分享初始化效果及其步骤;

(4)分析自己处理操作的优缺点。

2. 学生自评

学生自评表见表 5.2。

表 5.2　初始化处理自评表

评价项目	评价要点	符合程度		备注
学习工具	电脑	基本符合	□基本不符合	
	Design x 软件	□基本符合	□基本不符合	
	点云数据	□基本符合	□基本不符合	
	汽车把手原型	□基本符合	□基本不符合	
学习目标	符合汽车把手案例初始化要求	□基本符合	□基本不符合	
	在初始化中是否已经对齐坐标系	□基本符合	□基本不符合	
课堂 6S	整理(Seire)	□基本符合	□基本不符合	
	整顿(Seition)	□基本符合	□基本不符合	
	清扫(Seiso)	□基本符合	□基本不符合	
	清洁(Seiketsu)	□基本符合	□基本不符合	
	素养(Shitsuke)	□基本符合	□基本不符合	
	安全(Safety)	□基本符合	□基本不符合	
评价等级	A	B	C	D

项目 **6**

多孔排插的反求工程

项目引入

随着家庭电器的日渐丰富化和多样化,家庭插座更偏向于有多个插孔的排插(图6.1)。如今的排插不仅起着将一个市电插头转换成几个的作用,而且起着保护用电设备,甚至是控制用电设备的功能。

图6.1 多孔位排插

项目目标

知识目标

- 学会自主分析模型。
- 学会合理接面。
- 学会分析模型中的重难点。

能力目标

- 能够自主分析模型。
- 掌握做特征的先后顺序。
- 掌握各个命令的优劣势。

素质目标

- 具有严谨求实精神。

- 具有个人实践创新能力。
- 具备 6S 职业素养。

多孔位排插
案例数据输
入

任务 6.1　数据初始化

①在快速工具栏中选择"导入" 命令,在弹出对话框中选择要导入的点云数据,单击"仅导入",如图 6.2 所示。

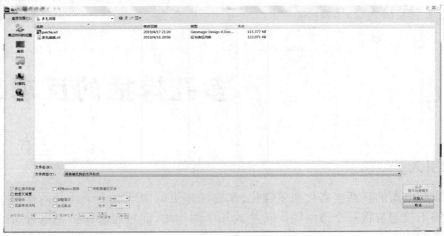

图 6.2　导入

②点云导入后的界面,如图 6.3 所示。

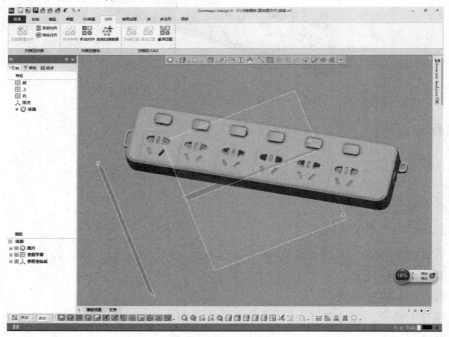

图 6.3　导入后的界面

③单击快速工作栏中"领域"命令,在工具栏中选择"延长至近似部分" ,创建领域组,如图6.4所示。

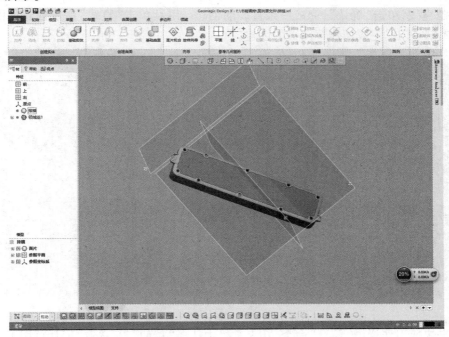

图6.4　延长至近似部分

④单击快速工作栏中"模型"命令,选择在工具栏中"面片拟合" ,领域选择"领域1",分辨率选择"许可偏差",单击确认完成"面片拟合1"的创建,如图6.5所示。

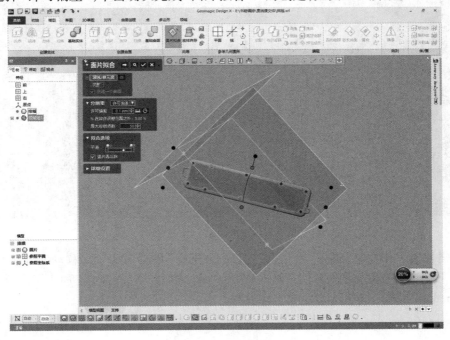

图6.5　面片拟合

⑤单击快速工作栏中"草图"命令,在工具栏中选择"面片草图"✔,勾选"平面投影",基准平面选择"面片拟合1",由基准面偏移的距离选择"10"。单击"直线"命令,选择图中所截出来的一条直线,单击"确认",完成一条直线的创建。继续单击"直线"命令创建如图6.6所示草图,单击"退出"完成面片草图1的创建。

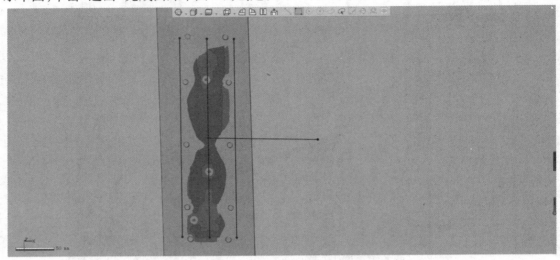

图6.6 面片拟合

⑥单击快速工作栏中"模型"命令,在工具栏中选择"拉伸"▣,选取"面片草图1"为轮廓,方法选择"距离"并在长度栏中输入"99",单击"确认"完成"拉伸1",如图6.7所示。

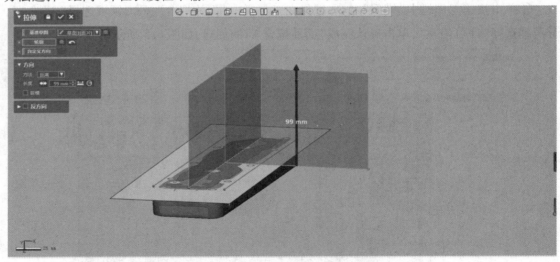

图6.7 拉伸

⑦单击快速工作栏中"对齐"命令,在工具栏中选择"手动对齐"▦,移动实体选择点云数据,单击"下一步",移动选择"3-2-1",平面选择"面片拟合3",线选择"面1",位置选择"面2",如图6.8所示,单击"确认",完成坐标对齐。

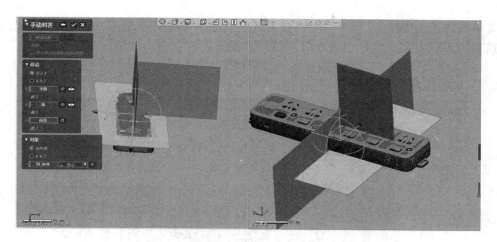

图 6.8　手动对齐

任务 6.2　构建模型主体

①单击快速工作栏中"草图"命令,在工具栏中选择"面片草图" ,勾选"平面投影",基准平面选择"上视基准面",单击"直线"命令,选择图中所截出来的一条直线,单击"确认",完成一条直线的创建。继续单击"直线"命令创建如图 6.9 所示草图,单击"退出"完成"面片草图 1"的创建。

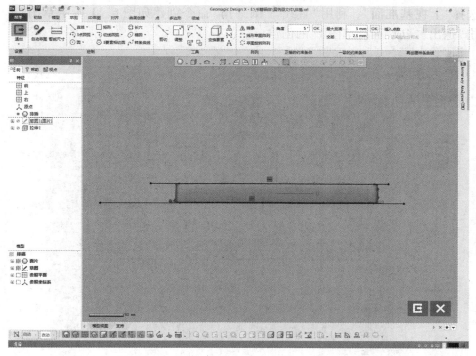

图 6.9　面片草图

②单击快速工作栏中"模型"命令,在工具栏中选择"拉伸"⬚,选取"面片草图1"为轮廓,方法选择"距离"并在长度栏中输入"17",单击"确认"完成拉伸,如图6.10所示。

图6.10 拉伸

③单击快速工作栏中"草图"命令,在工具栏中选择"面片草图"↘,勾选"平面投影",基准平面选择"上视基准面",利用"直线""倒圆角"命令创建如图6.11所示草图,单击"确认",单击"退出"完成"面片草图1"的创建。

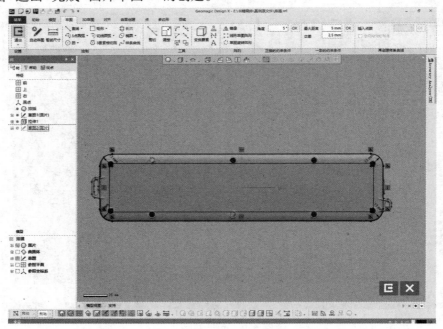

图6.11 面片草图

④单击快速工作栏中"模型"命令,选择在工具栏中"修剪曲面"◇,工具选择"面片草图2",对象"拉伸1",如图6.12所示。

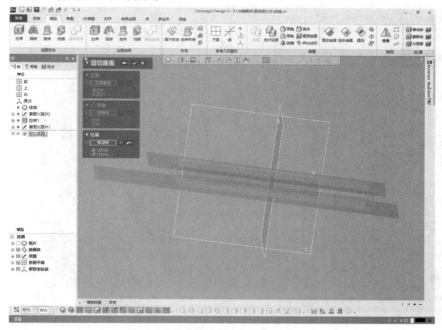

图6.12　修剪曲面

⑤单击快速工作栏中"草图"命令,在工具栏中选择"草图"✐,单击"直线"命令绘制如图6.13所示草图,单击"退出"完成"草图4"的创建。

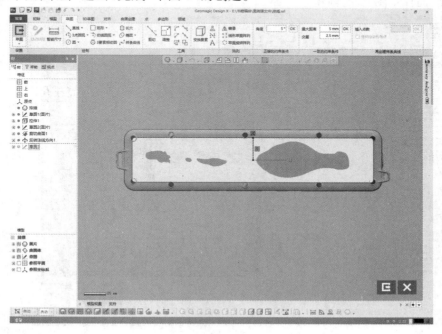

图6.13　草图

⑥单击快速工作栏中"模型"命令,在工具栏中选择"拉伸"⊟,选取"草图3"为轮廓,方法选择"距离"并在长度栏中输入"10",单击"确认"完成拉伸。如图6.14所示。

图6.14 拉伸

⑦单击快速工作栏中"草图"命令,在工具栏中选择"面片草图"✔,勾选"平面投影",基准平面选择"拉伸2",利用"直线""圆弧"命令创建如图6.15所示草图,单击"确认",单击"退出"完成"面片草图4"的创建。

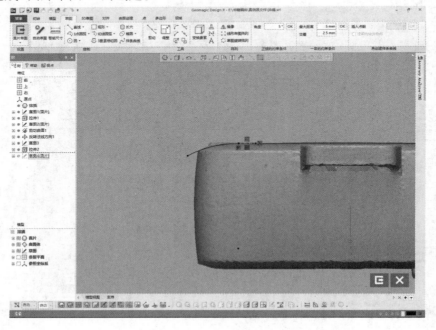

图6.15 面片草图

⑧单击快速工作栏中"模型"命令，在工具栏中选择"扫描"　，"轮廓"选择"草图4"，路径选择如图6.16所示，完成"扫描1"的创建。

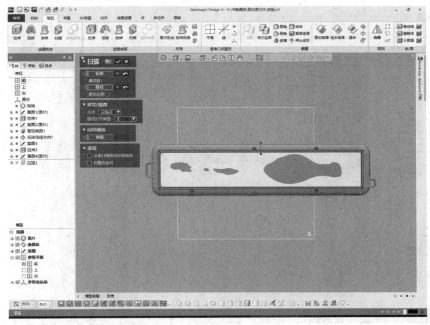

图6.16　扫描

⑨单击快速工作栏中"草图"命令，在工具栏中选择"面片草图"　，勾选"平面投影"，基准平面选择"右视基准面"，利用"直线""圆弧"命令创建如图6.17所示草图，单击"确认"，单击"退出"完成"面片草图5"的创建。

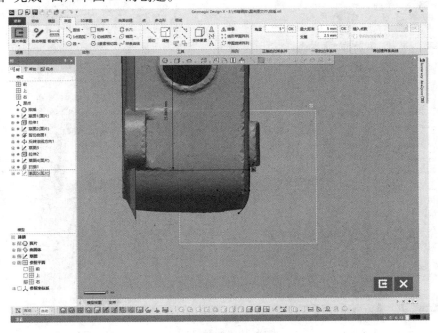

图6.17　面片草图

⑩单击快速工作栏中"模型"命令,在工具栏中选择"扫描" 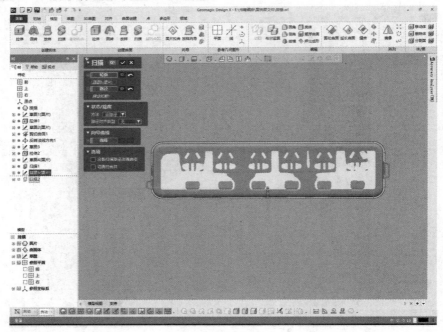,"轮廓"选择"草图5",路径选择如图 6.18 所示,完成"扫描 2"的创建。

图 6.18　扫描

⑪单击快速工作栏中"模型"命令,在工具栏中选择"反转法向" 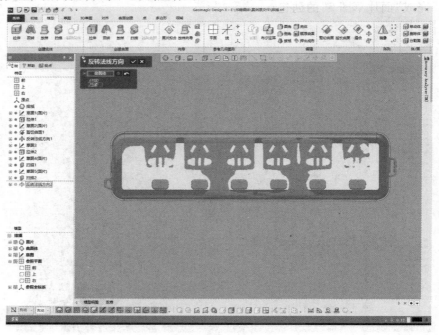,曲面体选择"扫描1"、"扫描2",完成"反向反转线 2"的创建,如图 6.19 所示。

图 6.19　反转法向

⑫单击快速工作栏中"草图"命令,在工具栏中选择"面片草图" ✍,勾选"平面投影",基准平面选择"右视基准面",利用"直线""圆弧"命令创建如图6.20所示草图,单击"确认",单击"退出"完成"面片草图6"的创建。

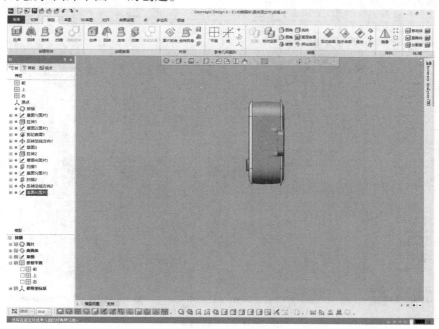

图6.20 面片草图

⑬单击快速工作栏中"模型"命令,在工具栏中选择"扫描" ⬭,"轮廓"选择"草图6",路径选择如图6.21所示,完成"扫描3"的创建。

图6.21 扫描

⑭单击快速工作栏中"模型"命令,在工具栏中选择"缝合" 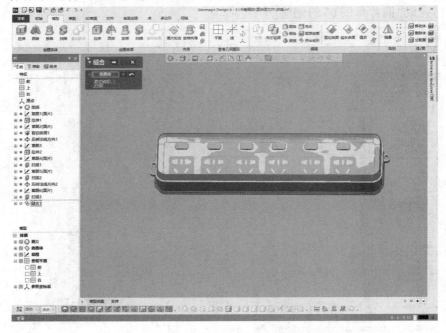,曲面体选择"扫描2""剪切曲面1",完成"缝合1"的创建,如图6.22所示。

图6.22　缝合1

⑮单击快速工作栏中"模型"命令,在工具栏中选择"缝合" ◈ ,曲面体选择"扫描1""剪切曲面1",完成"缝合2"的创建,如图6.23所示。

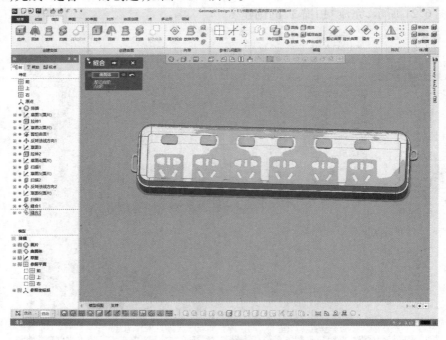

图6.23　缝合2

⑯单击快速工作栏中"模型"命令,选择在工具栏中"修剪曲面" ◈,工具选择"扫描1"
"扫描2""扫描3",对象"扫描1""扫描2""扫描3",如图6.24所示。

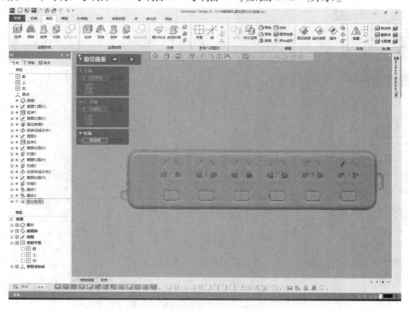

图6.24　修剪曲面

任务6.3　构建模型细节

①单击快速工作栏中"模型"命令,选择在工具栏中"壳体" ▢,体选择"剪
切曲面2",深度为"2",完成"壳体1"的创建,如图6.25所示。

多孔位排插
案例建模细
节特征

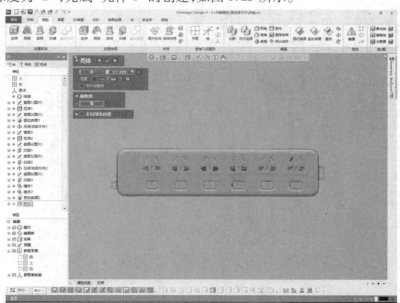

图6.25　壳体

②单击快速工作栏中"草图"命令,在工具栏中选择"面片草图" ,勾选"平面投影",基准平面选择"上视基准面",利用"直线"命令创建如图6.26所示草图,单击"确认",单击退出完成"面片草图7"的创建。

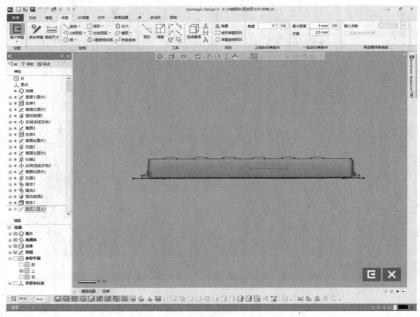

图6.26 面片草图

③单击快速工作栏中"模型"命令,在工具栏中选择"拉伸" ,选取"面片草图7"为轮廓,勾选"反向",方法选择"距离"并在长度栏中输入"30",单击"确认"完成"拉伸",如图6.27所示。

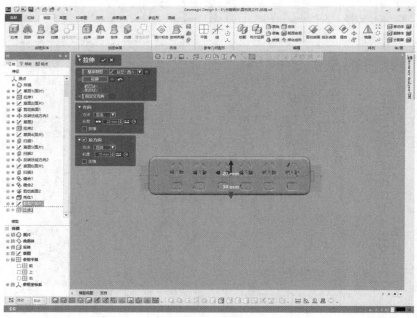

图6.27 拉伸

④单击快速工作栏中"草图"命令,在工具栏中选择"面片草图" ,勾选"平面投影",基准平面选择"前视基准面",利用"直线"命令创建如图6.28所示草图,单击"确认",单击"退出"完成"面片草图8"的创建。

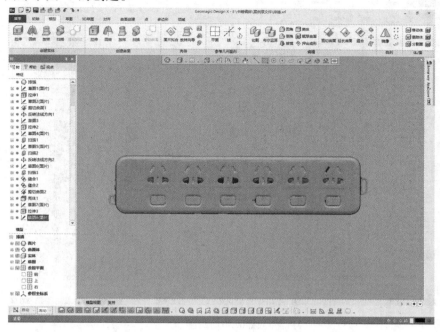

图6.28　面片草图

⑤单击快速工作栏中"模型"命令,在工具栏中选择"拉伸" ,基准草图选择"面片草图8",方法选择"距离"并在长度栏中输入"5",单击"确认"完成"拉伸",如图6.29所示。

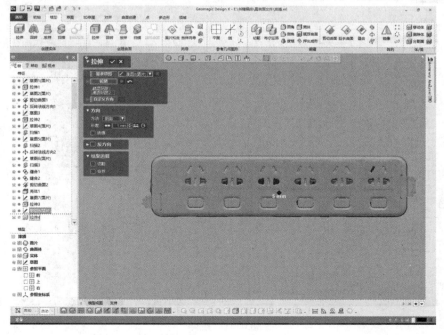

图6.29　拉伸

⑥单击快速工作栏中"草图"命令,在工具栏中选择"草图" ✐,基准平面选择"拉伸4",点击"直线""圆弧"命令。绘制如图6.30所示草图,完成"草图9"的创建。

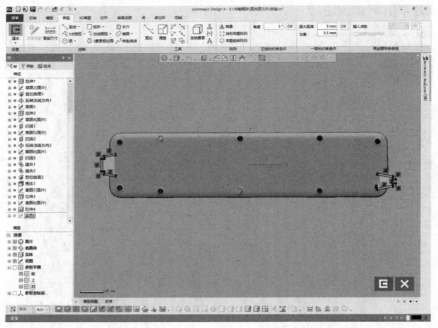

图6.30 草图

⑦单击快速工作栏中"模型"命令,在工具栏中选择"拉伸" ▣,选取"面片草图9"为轮廓,方法选择"距离"并在长度栏中输入"30",单击"确认"完成"拉伸5",如图6.31所示。

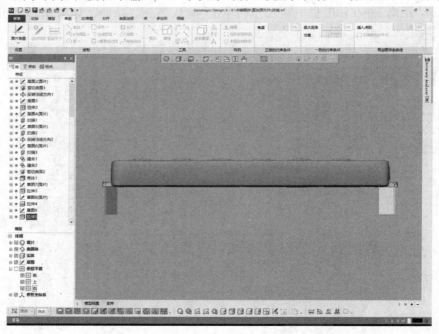

图6.31 拉伸

⑧单击快速工作栏中"草图"命令,在工具栏中选择"草图"![草图图标],基准平面选择"上视基准面",单击"直线"命令。绘制如图6.32所示草图,完成"草图10"的创建。

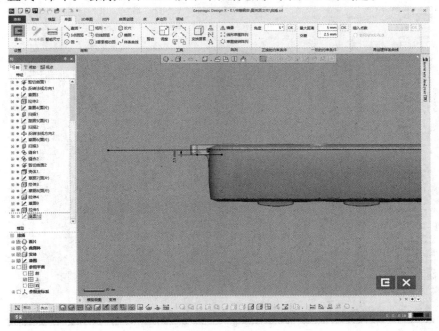

图6.32　草图

⑨单击快速工作栏中"模型"命令,在工具栏中选择"拉伸"![拉伸图标],选取"面片草图9"为轮廓,勾选"反向",方法选择"距离"并在长度栏中输入"20",单击"确认"完成"拉伸6",如图6.33所示。

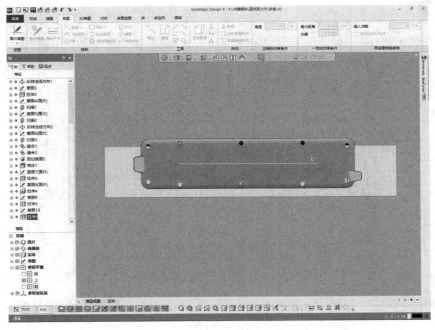

图6.33　拉伸

⑩单击快速工作栏中"模型"命令,选择在工具栏中"修剪曲面" 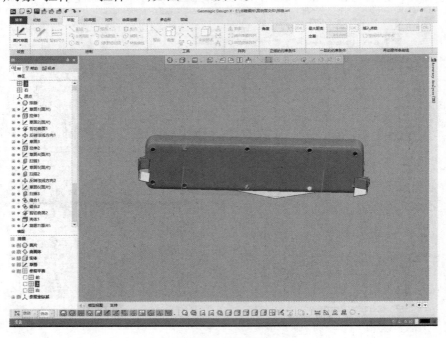 ,工具选择"拉伸5""拉伸6",对象"拉伸5""拉伸6",如图6.34所示。

图6.34　修剪曲面

⑪单击快速工作栏中"模型"命令,选择在工具栏中"切割" 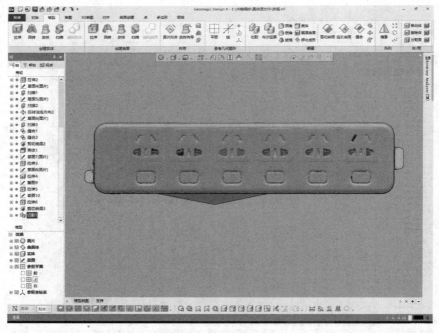 ,工具要素选择"剪切曲面3",对象体"拉伸4",完成"切割3"创建,如图6.35所示。

图6.35　切割

⑫单击快速工作栏中"模型"命令,选择在工具栏中"曲面偏移" 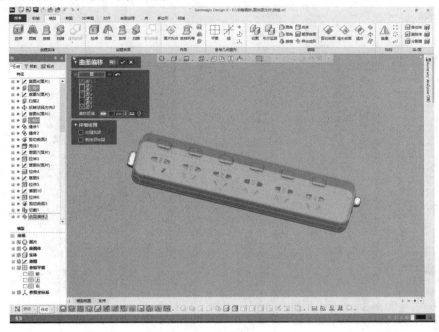 ,选择如图 6.36 所示曲面,偏移距离为"2",创建"曲面偏移 2"。

图 6.36　曲面偏移

⑬单击快速工作栏中"模型"命令,选择在工具栏中"切割" ,工具要素选择"曲面偏移2",对象体"切割 1",创建"切割 4",如图 6.37 所示。

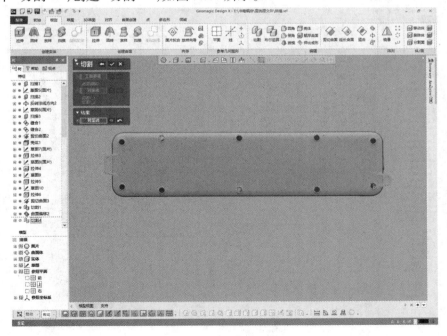

图 6.37　切割

⑭单击快速工作栏中"模型"命令,选择在工具栏中"布尔运算" 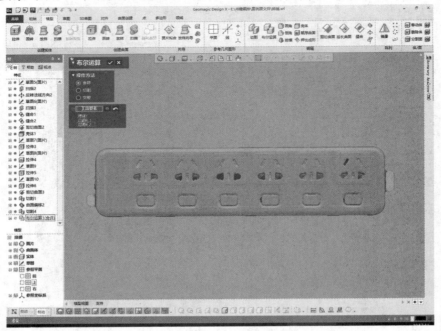,操作方法选择"合并",工具要素"圆环1",对象体"切割4""壳体1"如图6.38所示。

图6.38　布尔运算

⑮单击快速工作栏中"模型"命令,在工具栏中选择"圆角" ,勾选"固定圆角",要素选择如图6.39所示边线,半径输入"1"点击确认,完成"圆角1"的创建。

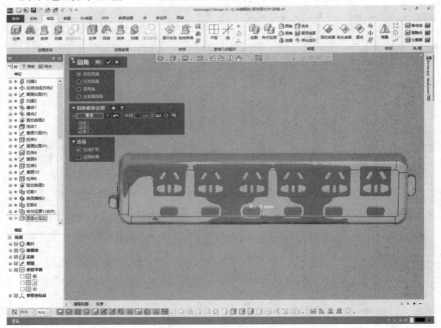

图6.39　圆角

⑯单击快速工作栏中"模型"命令,在工具栏中选择"圆角"🔘,勾选"固定圆角",要素选择如图 6.40 所示边线,半径输入"3",单击"确认",完成"圆角 2"的创建。

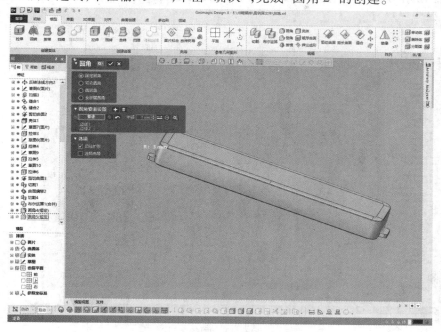

图 6.40　圆角

⑰单击快速工作栏中"模型"命令,在工具栏中选择"圆角"🔘,勾选"固定圆角",要素选择如图 6.41 所示边线,半径输入"15",单击"确认",完成"圆角 3"的创建。

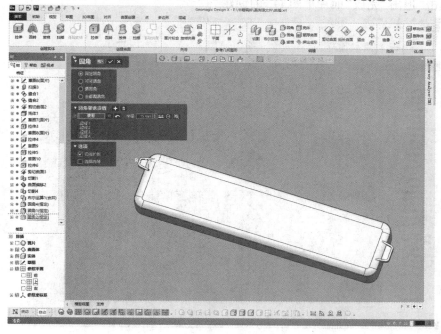

图 6.41　圆角

⑱单击快速工作栏中"模型"命令，在工具栏中选择"圆角"，勾选"固定圆角"，要素选择如图6.42所示边线，半径输入"0.5"，单击"确认"，完成"圆角4"的创建。

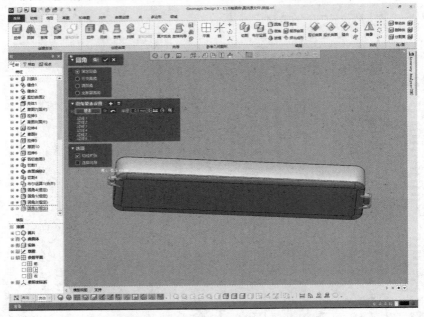

图6.42 圆角

⑲单击快速工作栏中"草图"命令，在工具栏中选择"面片草图"，勾选"平面投影"，基准平面选择"前视基准面"，利用"直线""圆弧""镜像"命令创建如图6.43所示草图，单击"确认"，单击"退出"完成"面片草图11"的创建。

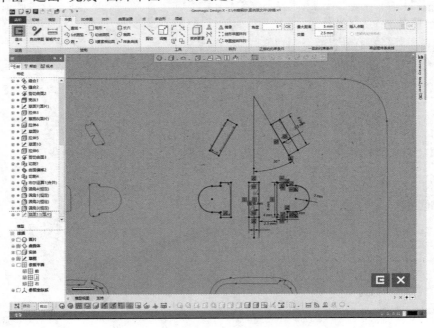

图6.43 面片草图

⑳单击快速工作栏中"模型"命令,在工具栏中选择"拉伸"，选取"面片草图11"为轮廓,方法选择"距离"并在长度栏中输入"25",单击"确认"完成"拉伸7",如图6.44所示。

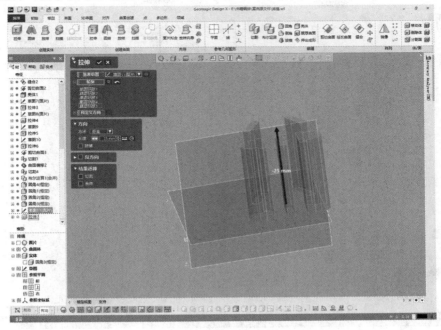

图6.44 拉伸

㉑单击快速工作栏中"模型"命令,在工具栏中选择"圆角"，勾选"固定圆角",要素选择如图6.45所示边线,半径输入"0.3",单击"确认",完成"圆角5"的创建。

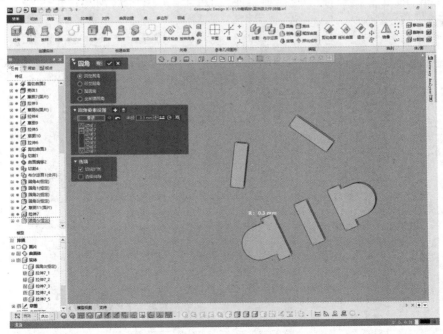

图6.45 圆角

㉒单击快速工作栏中"模型"命令,在工具栏中选择"线性阵列"⋮⋮,体选择"圆角5",方向选择"右视基准面",要素数为"6",距离为"42",完成"阵列1"的创建,如图6.46所示。

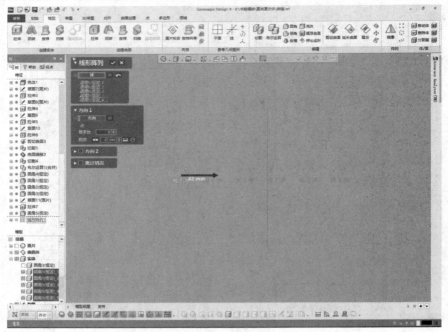

图6.46 线性阵列

㉓单击快速工作栏中"模型"命令,在工具栏中选择"布尔运算"⟱,操作方法选择"切割",工具要素"圆角5""线性阵列1",对象体"圆角3",如图6.47所示。

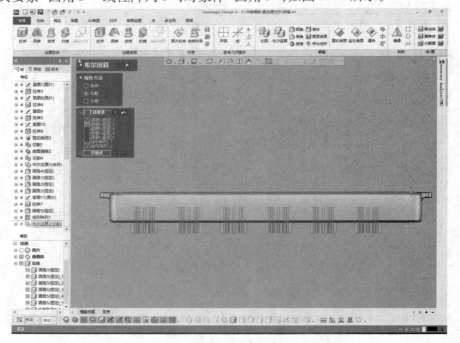

图6.47 布尔运算

㉔单击快速工作栏中"草图"命令，在工具栏中选择"面片草图" ⊾，勾选"平面投影"，基准平面选择"前视基准面"，利用"直线""圆弧"命令创建如图6.48所示草图，单击"确认"，单击"退出"完成"面片草图12"的创建。

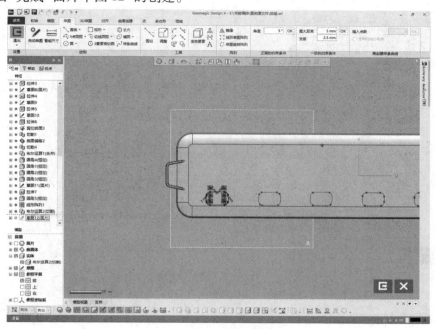

图6.48　面片草图

㉕单击快速工作栏中"模型"命令，在工具栏中选择"拉伸" ⊡，选取"面片草图12"为轮廓，方法选择"距离"并在长度栏中输入"20"，单击"确认"完成"拉伸8"，如图6.49所示。

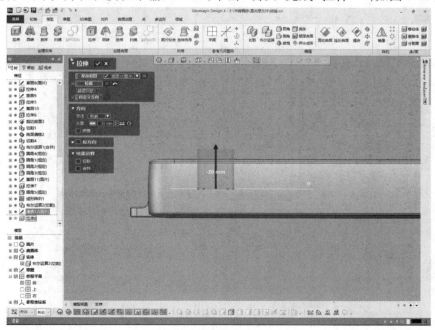

图6.49　拉伸

㉖单击快速工作栏中"草图"命令,在工具栏中选择"面片草图"✔,勾选"平面投影",基准平面选择"上视基准面",利用"圆弧"命令创建如图6.50所示草图,单击"确认",单击"退出"完成"面片草图13"的创建。

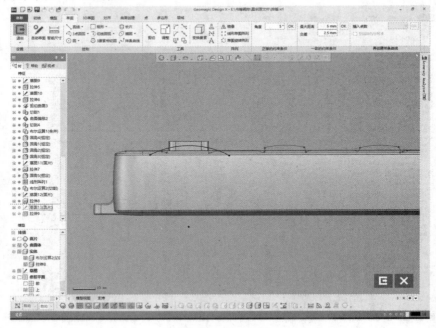

图6.50　面片草图

㉗单击快速工作栏中"模型"命令,在工具栏中选择"拉伸"▣,选取"面片草图13"为轮廓,方法选择"距离"并在长度栏中输入"50",单击"确认"完成"拉伸8",如图6.51所示。

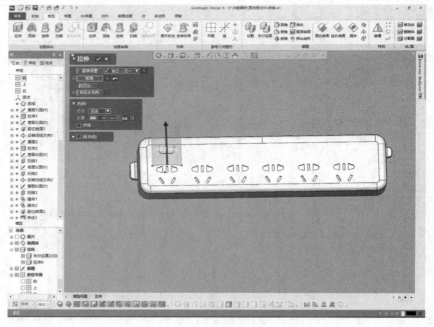

图6.51　拉伸

㉘单击快速工作栏中"模型"命令,选择在工具栏中"切割"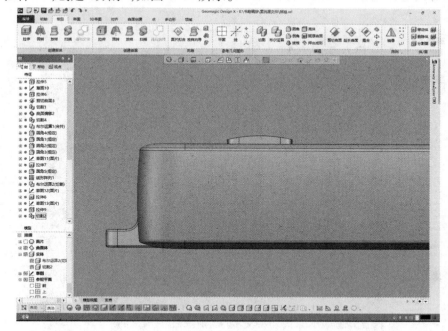,工具要素选择"拉伸8",对象体"拉伸8",创建"切割",如图6.52所示。

图 6.52　切割

㉙单击快速工作栏中"模型"命令,选择在工具栏中"曲面偏移" 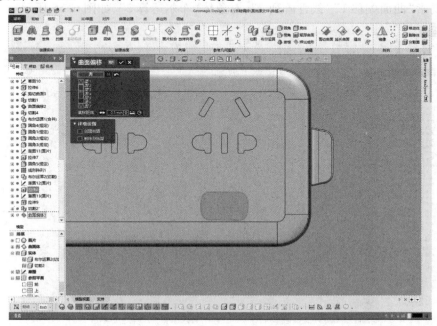,选择如图6.53所示边线,偏移距离为"0.3",完成"曲面偏移"的创建。

图 6.53　曲面偏移

㉚单击快速工作栏中"模型"命令,在工具栏中选择"线性阵列"∷∷,体选择"切割2""曲面偏移2",方向选择"右视基准面",要素数为"6",距离为"42",完成"阵列2"的创建,如图6.54所示。

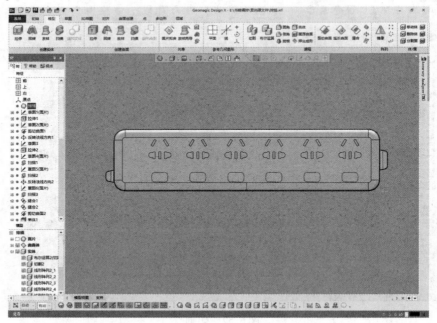

图 6.54　线性阵列

㉛单击快速工作栏中"模型"命令,选择在工具栏中"布尔运算"🖥,操作方法选择"切割",工具要素"曲面偏移1""线性阵列2",对象体"布尔运算2",如图6.55所示。

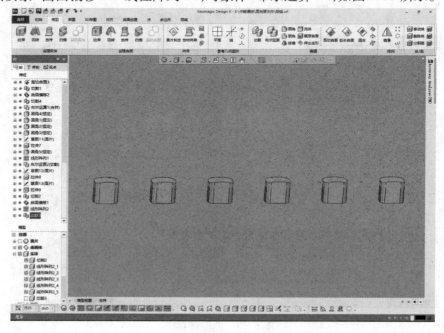

图 6.55　布尔运算

㉜单击快速工作栏中"模型"命令,在工具栏中选择"圆角" ,勾选"固定圆角",要素选择如图6.56所示边线,半径输入"0.5",单击"确认",完成"圆角6"的创建。

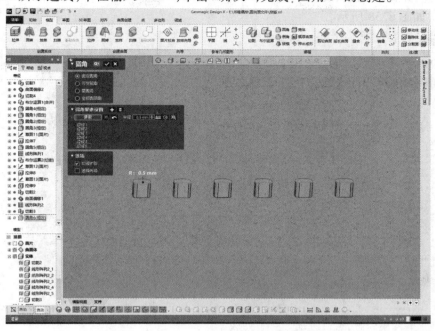

图6.56　圆角

㉝单击快速工作栏中"草图"命令,在工具栏中选择"面片草图" ,勾选"平面投影",基准平面选择"前视基准面",利用"圆弧"命令创建如图6.57所示草图,单击"确认",单击"退出"完成"面片草图14"的创建。

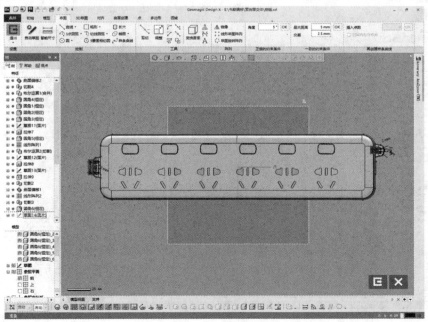

图6.57　面片草图

㉞单击快速工作栏中"模型"命令,在工具栏中选择"拉伸"🔲,选取"面片草图14"为轮廓,方法选择"距离"并在长度栏中输入"30",结果运算选择"切割",单击"确认"完成"拉伸8"的创建。如图6.58所示。

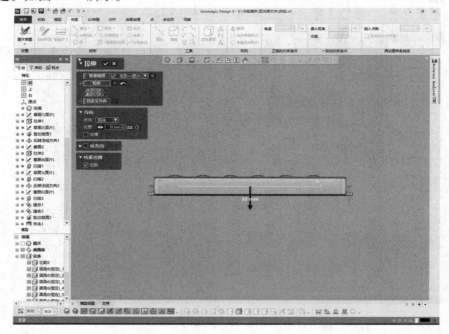

图6.58　拉伸

㉟完成多孔排插的建模,如图6.59所示。

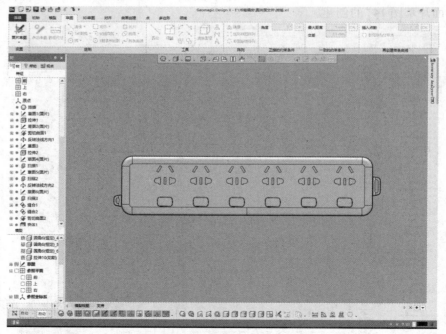

图6.59　完成多孔排插的建模

任务 6.4　UV 线检测分析

①选择工具栏下,单击"等值线"选项"⊞"。如图 6.60 所示。

②完成的建模如图 6.61 所示。

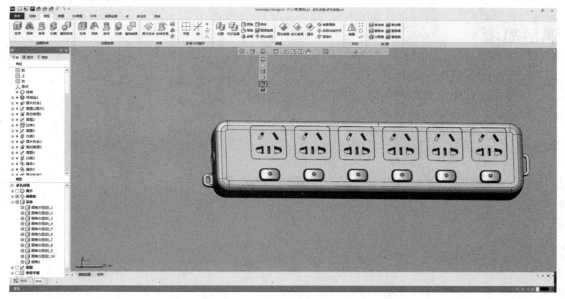

图 6.60　UV 线检测分析

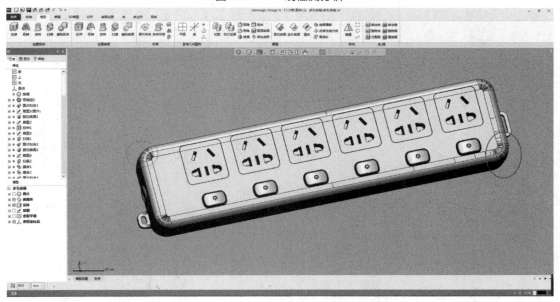

图 6.61　完成的建模

项目小结

通过完成本项目的学习,利用 Geomagic Design X 软件进行模型重构,让学习者对模型重构流程有一定的理解,熟悉各命令,掌握一定的建模思路。

课后思考

1. 对于数据缺失处如何建模?
2. 建模过程中特征创建的顺序是否会影响整体?
3. 面片草图功能的优势有哪一些?

项目单卡

一、项目计划表

多孔排插案例初始化项目计划表见表6.1。

表6.1　多孔排插案例初始化项目计划表

工序	工序内容
1	先检查_____软件是否能够正常打开。
2	分析坐标系是否(□对齐,□齐整,□合适,□美观)
3	GeomagicDesignX 各模块是否正常,点、_____ 、_____、体模块是否正常。
4	多孔排插案例数据(□是□否)正常

二、展示数据初始化效果并进行评判(10 min):

以小组为单位,小组长根据以下讲话稿上台分享展示数据初始化效果,其他小组成员进行评判其初始化效果是否正确。

1.学生展示讲话稿

(1)开场礼貌用语;

(2)展示学生的自我介绍;

(3)分享初始化效果及其步骤;

(4)分析自己处理操作的优缺点。

2.学生自评

学生自评表见表6.2。

表6.2 初始化处理自评表

评价项目	评价要点	符合程度		备注
学习工具	电脑	基本符合	□基本不符合	
	Design x 软件	□基本符合	□基本不符合	
	点云数据	□基本符合	□基本不符合	
	多孔排插原型	□基本符合	□基本不符合	
学习目标	符合多孔排插案例初始化要求	□基本符合	□基本不符合	
	在初始化中是否已经对齐坐标系	□基本符合	□基本不符合	
课堂6S	整理（Seire）	□基本符合	□基本不符合	
	整顿（Seition）	□基本符合	□基本不符合	
	清扫（Seiso）	□基本符合	□基本不符合	
	清洁（Seiketsu）	□基本符合	□基本不符合	
	素养（Shitsuke）	□基本符合	□基本不符合	
	安全（Safety）	□基本符合	□基本不符合	
评价等级	A	B	C	D